私たちはどこにいるのか

惑星地球のロックダウンを知るためのレッスン

ブルーノ・ラトゥール

川村久美子 訳

新評論

私たちはどこにいるのか●惑星地球のロックダウンを知るためのレッスン／目次

凡例

本文太字と（　）は著者のもの。〔　〕は訳者のもの。
行間番号は訳注を示し、当該奇数ページに収めた。

本書関連用語について（訳者）

エージェンシー（agency）という用語は、一般的なニュアンスでは人間が行為する状況を表すが、ラトゥールは、人間だけでなく非人間（虫、山、風、モノなど）も**エージェンシー**を発揮する存在として捉えるべきだと主張する。さらに以前の著作でラトゥールは、**エージェンシー**を「行為能力、事象を引き起こす能力」、**エージェント**（agent）を「行為能力（事象を引き起こす能力）を発揮する存在」と定義していたが、こうした定義もまた近代的な説明の枠組み、すなわち「行為を、生き物の**内側にある能力などの要因**が生み出すものと捉える」見方を引きずっているため（この見方のもとでは、同じ能力を発揮する「生き物以外の存在」がその枠組みから外されることになる）、本書では特にそうした分類はされず、この二つの用語はときに一体のものとして用いられる。
アクター（actor）は「他に作用を及ぼしうる存在」を意味する。ラトゥールら「アクターネットワーク論」（ANT。人間と非人間をともに「行為するもの」として扱う新たな社会理論）の論者は、「事象を引き起こすのは人間である」という大前提に立つ従来の社会科学のものの見方に異を唱え、「事象を引き起こすのは**アクターネットワーク**である」と主張した。**アクターネットワーク**とは人間と非人間が相互作用して作り出すネットワークのことで、これが「事象の発生」を説明するというのである。この考え方に立てば人間も非人間（虫、山、風、モノなど）もネットワークを構成する点で同位の存在であり、すなわち**アクター**として同位であるということになる。

私たちはどこにいるのか

惑星地球のロックダウンを知るためのレッスン

シャラとロビンソンの息子、リロに捧ぐ

お前はまた、大地の広がりを隅々まで調べたことがあるか。
そのすべてを知っているなら言ってみよ。

旧約聖書「ヨブ記」第三八章、第一八節

Bruno LATOUR
OÙ SUIS-JE?
Leçons du confinement à l'usage des terrestres

1 シロアリになる一つの方法

話を始める方法はいくらだってある。たとえば小説の主人公のように、おぼろげな状態から目を覚まし、眼を擦りながら憔悴した調子で「ここはどこ？」とつぶやく。実際、自分がどこにいるかを特定するのは難しい。なにしろこれほど長いロックダウン lockdown[1] の後なのだ。それもマスクを着け

1 ここでいうロックダウン（都市封鎖、外出自粛令）とは、二〇一九年末に始まるＣＯＶＩＤ－19パンデミック（新型コロナウイルス感染症の世界的大流行）に際し、世界の各都市で採用された感染拡大防止策を指す。この災厄の中で人々は行動の自由を制限され、「幽閉」と「包囲」の生活を強いられることとなった。ラトゥールは、そもそも惑星地球それ自体がロックダウン状態にあり（すべての生き物は地表数キロの薄膜＝地球生命圏の内側にいわば「幽閉」された状態でしか生きられない）、人類はこの永遠のロックダウン（地球最古の生命以来、すべての生き物はこの薄膜に「包み込まれた状態」を維持しながら生き延びてきた）を肯定し、あらゆる他者との相互生成を共に紡ぎ続けることによって初めてロックダウンから抜け出すことができる（自らを解放し自由を獲得する）、という逆説をもって本書を展開する。

たまま、彼は突然通りに現れ、まばらな通行人と瞬間的に眼を合わせただけなのだ。

彼がことさら意気消沈しているのは、いや怖気づいているのは、最近、彼が月しか見られなくなったからだ。昨晩から満月だった。不安にならずに思いを向けられる相手は、月だけのように感じられた。太陽はどうかといえば、太陽熱が地球温暖化を即座に思い出させるから、単純には楽しめない。風にそよぐ木々はどうか。枯れ果てた姿、伐採された姿を想像して、ただ縮み上がってしまう。雨雲が到来し雨が降り注いできても、降水量の変化の原因を作っているのは自分ではないかと嫌な気持になる――「すぐにも世界のあちこちで降水量が減ることはわかっている」。景観を想うだけで喜びがこみ上げる? まさかそんなわけはない。景観に影響を与える汚染のすべては私たちが原因を作っている。もしあなたが「黄金の小麦畑には感激させられる」というなら、それはヨーロッパ連合（EU）の農業政策のせいで芥子《ケシ》の花すべてが畑から消えてしまったことをあなたが忘れているからだ。かつて印象派〔一八六〇年代のフランスで起こった絵画を中心とする芸術運動を奉ずる芸術家の一派〕が描いた美しき群生、それがあった場所で眼にするのは、EUの決定の影響で田園風景がまさに荒れ地に変わった姿だ。…彼は月に眼を向けることでしか不安を鎮めることができない。少なくとも月の満ち欠け、周遊に関しては責任を感じずに済むからだ。それが彼に残された唯一の情景である。月の明るさが彼をそれほど感動させるなら、それは月の動きに対して自分が無実だと知っているからだ。野原、湖、木々、山々、風景を眺めるとき、かつてならば自身の行動の影響などまったく考えずに済んだ。…以前はたしかにそうだった。それも、それほど昔の話ではない。

実は私も同じような体験をした。ある日、目を覚ましたとき、カフカの小説『変身』[2]の主人公が体験したのと同じような苦痛を感じたのだ。カフカの主人公はある夜、寝ている間に真っ黒な甲虫、カニ、ゴキブリの類に変身していた。翌朝、目覚めた彼はぞっとする。起き上がって仕事に出掛けようとしても、以前のようには動けない〔主人公は、布地の商事会社の営業マン〕。彼はベッドの中にもぐり込んだ。妹、両親、そして会社の上司が彼の部屋のドアを執拗にノックするのが聞こえたからだ。ドアには錠が掛かっているはずだ。彼はもう、うまく起き上がることができない。背中が甲羅のように硬い。ともかく脚と鉤爪《かぎづめ》の動かし方を学ばねばならない。それはすべての方向にうねるように動く。徐々に彼は、自分が話す言葉を誰も理解していないことに気づき始める。身体の嵩《かさ》も変わったようだ。彼は自分が「モンスターのような巨大な昆虫」に変身したことを自覚した。

同じように私自身も二〇二〇年一月に変身を経験した。それ以前、私はこの身体で無邪気に動きまわっていた。その感覚をよく覚えている。それが今や背中に二酸化炭素（CO_2）の長い航跡を引きずっているので簡単には動けない。航空券を買ってどこかに旅行したいと思っても、航跡がそれを許さない。航跡は私の動きのすべてを妨げる。キーボードを叩くだけでどこか遠方の氷床を溶かしはし

2 「グレゴール・ザムザはある朝、なにやら胸騒ぐ夢がつづいて目覚めると、ベッドの中の自分が一匹のばかでかい毒虫に変わっていることに気づいた。［…］夢ではなかった」（山下肇・山下萬里訳、岩波文庫、改版二〇〇四／ドイツ語原書1915）で始まるフランツ・カフカ（一八八三～一九二四、チェコ・プラハ出身のドイツ語作家）の代表的中編小説。一九一五年発表。以下、本文中の同書の引用文は山下訳に拠る。

まいかと不安になり、叩くのも憚れる。事態は一月を過ぎてからさらに悪化した。なにしろエアロゾルの霧〔飛沫〕が眼の前にあって、そこから放たれる微細なしずくがウイルス〔新型コロナウイルス〕を拡散させる様を、想い描かずにはいられないからだ。実際、巷では絶えずこう喧伝している――「その小さなウイルスは人々の肺の中を拡散し、そのせいで隣人が死ぬことさえあります」。人々は寝床で窒息する可能性があると知り、病院に押し寄せ、医療サービスをパンク寸前にさせている。私の腹にも背中にも、「結果」の甲羅が張り付いている。その重たい甲羅を引きずりながら歩くのだから、歩き方を学び直す毎日はさらにぞっとするものだ。今や規則で定められた「安全距離」を互いに保たねばならないし、医療用マスク越しに苦しい呼吸をしなければならない。だから『変身』の主人公と同様、遠くまで這っては行けない。ショッピングカートに大量のストック用商品を積み込むだけでどうしようもない不安に襲われる。このコーヒー一杯が熱帯雨林の一区画をダメにはしまいか。このTシャツ一枚がバングラデシュの子どもたちを貧困に追い込みはしまいか。私が舌鼓を打つ、このレアステーキから出るメタンのひと吹きが、地球温暖化を加速させはしまいか。私は自らの変身に驚愕し、うめき声を上げ、ひどく当惑するのだ――私はこの悪夢から最終的に目覚めることができるだろうか。以前のように、自由で無傷で活動的な自分に戻れるだろうか。ひと言でいえば昔ながらの人間に、である！　ロックダウン？　よかろう、それが二、三週間であれば。ただ永遠というのではまずい。恐ろしすぎるだろう。両親が安堵するのと引き換えに自室の中で最後は衰弱死するグレゴール・ザムザ〔『変身』の主人公〕のようになるのを恐れない人などいないはずだ。

ただ変身はたしかに起きたのであり、悪夢から覚めてまた元通りになるとはいえそうにない。いったんロックダウンに入ったからには、私たちはいつまでもロックダウン状態のままだ。「モンスターのような昆虫」に変身したグレゴールは一方に傾いたいびつな体の動き方を覚えねばならなかったし、隣人や両親とこの難題に取り組むことを学ばねばならなかった（おそらくザムザ一家にも何らかの変身が起こり始めるだろうが）。私たちも同じだ。なにしろすべてが自分たちの触角、自分たちの出す排気の航跡、自分たちのウイルスとエアロゾルに邪魔される。それらは私たちが持っている人工装具と絡み合い、鋼鉄の羽根と羽根がぶつかり合うぞっとするような音を立て続けている。「一体私はどこにいるのだろう？」これまでとは**どこか別の場所、別の時間に、誰か別の人となり、何がしかの人類集団の一員として**存在しているのか。だとすれば、それに慣れるにはどうすればよいのか？　いつものように手探りで、自分の道を感じ取ればよいのか。それ以外に私たちには何ができるというのか。

実際、カフカのこの寓話は核心を突いている。昆虫になるという経験は、私たちにとっても、自分の位置を確かめ、そこに目印をつけるための、かなり順当な出発点となるだろう。昆虫は今、どこでも絶滅危惧種になっている。ただ蟻やシロアリは依然として私たちの身近にいる。この話が私たちをどこに連れて行くか確かめるために、まずは彼らシロアリたちの航跡から追っていくことにしよう。

マッシュルームの栽培者であるシロアリは、木材を消化する特別な真菌と共生している。有名な**シロアリタケ属** Termitomyces がそれであり、このシロアリタケ属によって消化された木材が、シロアリにとっては食用可能で栄養分豊かなコンポストに変わる。また、シロアリとシロアリタケ属の両方にとって好ましく実用的なのが、シロアリがかみ砕いた土壌から造られる巨大な巣である。その中はある種の空調システムが常に利いていて、快適な環境が保たれている。それは粘土でできたプラハ〔ザムザ一家が住むチェコの首都。城砦の都市〕とでもいえようか。シロアリの食料となる木材は常にそこをわずか二、三日のうちに通過し、すべてのシロアリの消化管に届けられる。シロアリは巣の中にいわば幽閉confinedされている――それは幽閉状態のモデルに実にぴったりである。もっとも、だからといって「シロアリがそこから決して出ない」というわけではない！　巣回りの泥をよだれで固め、丸い塊《かたまり》をいくつも重ねたシロアリ塚を建設するのもまた、シロアリだからだ。つまり、シロアリ塚のおかげでシロアリは**どこへでも**行ける。ただそのためには塚を少しずつ拡張extendingする必要がある。そうすることでしか前進できない。シロアリはこの塚によって自らを包み込むのだ。シロアリはシロアリ塚を少しずつ盛り上げていくことで、いうなれば彼らの拡張した身体extended body――内部環境に加え外部環境を持つという独自の身体――を維持する。科学者はこの外部環境を、甲殻、体節、関節肢という第一の外骨格の上にある第二の「外骨格exoskeleton」と呼ぶだろう。

「カフカ的なKafkaesque」〔それはシュールな歪曲と切迫した危険の感覚によって特徴づけられる〕という形容詞を、一匹の孤立したシロアリ〔乾燥した茶褐色の粘土でできた牢獄のような世界に食料もない状態で閉じ込められたシロアリ〕に適用した場合と、グレゴール・ザムザに適用した場合とではその意味が異なることは確かだ。グレゴールの場合、両親や多くの知人、同胞が楽々入手した木材のおかげで、彼が自分の泥の家を食べて消化してしまっても結局は気にせずに済んだ。両親たちは食料を生産しており、その食料は上げ潮のような途切れのない流れを形づくっている。だからグレゴールは通りがかりにそこからほんの少量を摂取すれば事足りたのである。ここでの話は、『変身』という有名な物語に続く新たな現代の**変身**物語（ただし多くの変身を経た後の新たな変身物語）を描いている。そこでは、もはや誰もグレゴールを奇怪なモンスターだとは思っていない。カフカの小説では、父ザムザはゴキブリを踏みつぶすようにグレゴールにリンゴを投げつけ彼を死に追い込んでしまった。しかし今やそんなことをする者などいない。おそらく私は、グレゴールには父親のそれとは別の感情を、すなわちシシュフォス[3]に授けたような感嘆の感情を、ただしシシュフォスの場合とはまったく異なる理由で――「私たちには、グレゴール・ザムザは幸福だと想像する必要がある」――授けるはずだ。

こうして「昆虫になること」、あるいは「シロアリになること」は、今や、月を見ること以外に安心を得られなくなった人々の恐怖を、いくらかでも和らげてくれる。今のところ彼らに心配を呼び起さないのは月ぐらいしかない。木を見ても、風、雨、干ばつ、海、川を見ても、そしてもちろん蝶やミツバチを見ても不安に駆られる。それは彼ら、つまりあなたが心の底で、そうした存在に対して責任を痛感しているからだ。また、あなたがそうした存在を破壊する者たちと闘ってこなかったことに対して罪を感じているからだ。しかし一方で、あなたはそうした存在に巧みに取り入ってきたし、そ

3 ギリシャ神話。コリントの邪悪な王。ゼウスに背き死神を騙したため、死後、絶えず転げ落ちてくる大岩を山頂まで押し上げる罰を与えられる。

うした存在の行く道と自分の行く道とを交差させてきたはずだ。まさしくそうだ。あなたも**あなたの同類**もそうだろう。そしてそうした存在をあなたは消化し、変貌させ、作り変えてきたはずだ。あなたの同類を、あなたの内部環境に、あなたのシロアリ塚に、あなたの街に、そして石やセメントでできた「あなたのプラハ」に変えてきたはずだ。それなのに、なぜ今になって落ち着かない気分でいるのか。あなたにとって相容れないものなどもう無いだろう。あなたはもう一人ではない。もはやあなたは、何億もの同類、同盟者、同胞、競争相手の代謝プロセスを通り抜け、あなたの腸にたどり着いたほんの少量の食料を静かに消化するだけだ。再び変身を遂げた現代のグレゴールよ、今やあなたは以前あなたがいた部屋にいるわけではない。今あなたはどこへだって行ける。それなのになぜ恥じて隠れていなければならないのか。以前あなたは長椅子の下に隠れたが、今は先導者ではないか。さあ姿を現してくれ！

あなたの触角、あなたの環節、あなたの放散物、あなたの排泄物、あなたの下顎、あなたの補綴物、それらをもって初めてあなたは**ようやく**人間になれたのかもしれない。反対にあなたの両親――心配し恐れおののき、あなたの部屋のドアをノックするあの人たち――、そしてあなたの親愛なる妹のグレーテのほうこそ、昆虫に変身するのをおそらく拒んだがゆえに、今は人間以外のものに**なる**のではないか。ばつの悪い思いをするのは**彼ら**であって**あなたではない**。「モンスター」になったのは彼らのほうである。地球温暖化危機とコロナ・パンデミックによって、大量の「モンスター」に変えられたのは実は彼らなのである。私たちはカフカの小説を誤って解釈してきたようだ。六本の毛むくじゃらな脚を取り戻すことで、グレゴールはようやくまっすぐ歩けるようになった。彼なら、ロックダウンからの脱出法をきっと私たちに教えてくれるだろう。

こうして話をしているうちに月も沈んだ。月しか見ることができなくなったあなたの悲哀はとうに峠を過ぎた。あなたは異分子だが、以前とは違った意味でそうだ。納得していないようだね。まだ不安があるのか。あなたを安心させようとして私もいささかしゃべりすぎたか。気分を害しただろうか。変身は嫌いか。昔ながらの人間に戻りたいのか。あなたは正しい。実際、昆虫に変身したとはいえ、私たちは依然として**不運な**昆虫だ。錠の掛かった部屋に閉じ込められたままだし、遠くまで行くことができないでいる。

「地球へ還る」という事業が今私を混乱に陥れている。たしかに、もし人々が次のような課題に答えられないなら、地球へ還るよう強いること自体、信義にもとるといえるだろう——私たちは衝突を避けるためにどこに着地すればよいのか、私たちに何が起きるのか、私たちは誰となら同盟を結べるのか、あるいは結べないのか。いささか急ぎすぎたようだ。まさに衝突現場から始めるときの課題はここにある。全地球測位システム（GPS）を利用して**自分の位置決めをすること**はもはやできそうにない。上空を飛ぶことさえできない。ただこれは、私にとってはチャンスだろう。自分がいる場所、**グラウンドゼロ**（落下地点）から動き始めて、茂みの中に突如現れた第一の通路を通って、結局それがどこに行き着くかを見極める。急ぐ必要はない。巣づくりをする場所を探すぐらいの時間はあるだろう。もちろん私の厄介な大声は失われた。高みから全人類に向けて話すときの、そう、舞台裏で使っていたあの声だ。私の話しぶりは両親の耳に辛うじて届くグレゴールの声のように、ぶつぶつとした文句にしか聞こえなくなっているかもしれない。それが昆虫に変身する際の唯一の難点である。しかし大事なのは、月が出ていない闇夜に手探りで歩き出した者たちの、互いに呼び合う声を聴き取れるだけの自分になることだ。きっと他の同胞たち〔人間以外の存在者たち〕はそうした呼び声を通して、じょうずに再集合を果たしているに違いない。

2 依然かなり広い空間でのロックダウン

「私はどこにいるのか」――寝ている間に昆虫に変身していた現代の**変身**物語の主人公は、目を覚ました瞬間、思わずため息をついた。たぶん**都会の中だろう**。現代人の半分は都市在住なのだから。私は、拡張されたextendedシロアリ塚に似た構造の内側にいる私自身を発見する。ここには外側との境となる壁、通り道、空調システム、食料の流通路、ケーブルネットワークが備わっている。枝分かれしたネットワークの支流は田園地帯の下を通り、実に長い距離を旅する。シロアリの蟻道は、巣から遠く離れた場所に建つ住宅の、頑丈な梁《はり》に入り込む通路さえ備えているが、それと同じだ。都会にいるということは、ある意味、常に「家に居る」ようなものだ。手足をちょっと伸ばせば、それで事足りる。壁の色は塗り替えた。テーブルは海外で購入したものを持ち帰った。誤って下の階に住む住人の部屋を水浸しにした。アパートの賃料は払った。こうしたことの一つひとつが、ルテシアン期（始新世（約五三〇〇～三四〇〇万年前）の時代区分の一つ）以来の石灰岩の骨組みを構成し、その場所に刻まれた刻印、皺、財宝に新たにいくつかの微小痕跡をつけ加え、永遠に残されることになる。その骨組み、そのすべての石灰岩からは、それを造った都会人の営みを見出すことができる。都会人が残した石には彼らの行為の痕跡すべてが埋め込まれている。私の家の壁に残るあの巨大な染みは二〇年後もそこに相変わらずあるだろうが、その染みは私自身が残したものだ。その横の落書きもそうだ。ともかく、他人から見れば作者不明のそうしたそっけない枠組みが、私にとってはほとんど美術作品にしか見えない。

シロアリ塚についていえることは都市についてもいえる。居住地と住民は連続したものだ。一方を定義すれば他方も定義したことになる。都市は都市住民の外骨格だといってもよい。なぜなら、住民がそこを離れるとき、住民がそこで衰弱したとき――たとえばとうとう墓地に葬られたというとき――、彼らは彼らの住居地を自身の轍《わだち》として残すからだ。都市住民が都市に住むとは、ヤドカリが殻の中に住むようなものである。だから「一体私はどこにいるの?」という問いには、殻の**中**にいる、と答えてよい。私たちはこの殻の**中**で、この殻を**通じて**、この殻の**おかげ**で生きているのである。私たちは荷物を引き上げる昇降機がなければ食料を自分の部屋に運んで来ることさえできないが、それがよい証拠だろう。だとすれば、都会人は「昇降機」とセットになった昆虫なのであり、それは「蜘《く》蛛《も》の巣」と一体化した蜘蛛と同じなのである。加えて、昇降機の持ち主は装置のメンテナンスを行わねばならない。居住者の背後には人工装置があり、人工装置の背後にはさらに多くの所有者やサービス業者がいるわけだ。それが延々と続く。外骨格をなす無生物的 inanimate な枠組みとその枠組みをアニメート化（活性化）する都会人たちは、実際には一体化している。まったくの裸の都会人などどこにもいない。それはシロアリ塚の外で生きるシロアリがいないのと同じであり、蜘蛛の巣なしの蜘蛛、森林を扱わない林務官がいないのと同じである。このことは、活気を与える住民が一人もいないロックダウン時の高級街の、いつもは華やかで人目を引くビルの前をあてもなく歩いてみれば簡単にわかることだ――それはシロアリのいないシロアリ塚が単なる泥の山にすぎないのと同じである。

もし都会人にとって都市が彼の存在の在り様と無縁でないとしたら、本当の**外側**といえる何かに遭遇するまで今少し足を延ばしてみることにしよう。この夏、グラン・ヴェイモン山〔標高二三四六メートル〕の麓《ふもと》にあるヴェルコール地方〔地中海沿岸、南仏都市マルセイユの北約一八〇キロ〕を訪れた。この山の壮観な崖を見たとき、その上部全体がサンゴ礁の墓場なのだと友人の地質学者が教えてくれた。これはまさにもう一つの巨大な集合都市であり、遥か昔に住民が滅びた後の都市の残骸だ。サンゴ礁の遺体は堆積し圧縮され埋没し、そしてまた隆起し浸食を受け、今この宙に浮かんでいる。それがこの美しいウルゴニアン石灰石 Urgonian chalk――繊細な水晶が散りばめられたその白い石は、友人の地質学者の拡大鏡の下で光り輝いていた――を生み出したのである。友人はこうした石灰質の堆積物を「バイオクラスティック」（生物砕屑性《さいせつ》の）と呼んだ。バイオクラスティックとは、「そのすべてが生き物 living things の破片から作られている」という意味である。たしかにそうなのだ。ひどくバイオクラスティックな都会の「シロアリ塚」を出発しヴェルコール地域の渓谷――無数の生き物の墓場から氷河が削り出した渓谷――を訪れたとき、私はそこに都会との断絶や不連続性を何も見出すことがなかった。そのため、私の中の疎外感はいくらか和らいだ。私はカニのようにどこまでも横に這っていくことができる。私の部屋のドアにはもう錠は掛けられていない。

グラン・ヴェイモン山の頂上に向かって歩けば、道端一〇〇メートル間隔に巨大なシロアリ塚が見つかる。シロアリはここでも忙しい都会人生活を送っていたのである。それを知ればグレゴールもさほど孤独感を感じずに済むだろう。環節構造をした彼の身体もまた、彼にとっての「石のプラハ」と共鳴しているからだ。そしてその石のプラハは、それを構成する水晶集積体の一つひとつを通じて、かつて海中で反響していた貝殻同士のこすれ合う音をいまだに保持し伝えているからだ。グレゴールの家族はといえば、相変わらず自宅に幽閉され、針金人形さながらの、昔ながらの**輪郭**を残すみじめな人間身体に閉じ込められているが、彼らについてはそのままタイル床に転がしておけば十分だろう。

自分の部屋に閉じ込められていたとき、グレゴールは近しい人間、最愛なる人間に囲まれながらもひたすら孤独だった。彼を部屋に閉じ込めるには壁と閂《かんぬき》があればそれで十分だった。今グレゴールは再び昆虫になって、突如として**壁を歩いてそこを通り抜けている**。これからは、彼の眼には部屋や家全体が粘土と石と瓦礫でできた丸い塊《かたまり》に見えてくるだろう。それは部分的に彼が消化して吐き出したものから出来ており、それが彼の動きを制約することはない。今やグレゴールは誰からも嘲りを受けることなく気楽に外出できる。さあここがプラハの街だ。橋がある。あれは教会か宮殿か？——そこには地球を形づくるたくさんの塊があり、その塊が今は少し大きく古びて見えて、堆積もわずかに増えたように感じられる。そのすべてが人工的なもの、無数の同胞の下顎が送り出した創造物である。私が昆虫への変身を多少でも耐えられたのは、都会から田舎へと向かう際に、あちこちにシロアリ塚や石灰石の山を見出したからだ。そのすべてもまた人工的で、巨大で、古びた堆積物であった――それらは無数の微小動物による長年の丁寧な仕事と巧みな工学によって造られたものだ。閉じ込められた身体は自らの脚を使えば完全に解放される。やがてその身体は運動の自由を謳歌していることを自覚し始めるだろう。

さて、この見事な導管を通っていくことにしよう。この微小な存在の直観を延長させよう。そしてこの奇妙な命令に頑迷に従おう。もし、私がシロアリ塚から都会へと向かい、都会からさらに山へと移動することができるなら、私はまさに「その場所」に赴くことができる。その場所とは、「山がかつて成し遂げたことはほかでもない、『どこかの場所に自らを位置づける』ということに尽きる」という直観を私が得た場所のことだ。

シロアリにとってシロアリ塚が担う仕事とは、泡状の吹き出しを形づくり forms a bubble、その中にシロアリを囲い、泡内部の温度を調節し、空気を浄化することだろう。同じことが登山者ヴェロニカについてもいえる。彼女は、グラン・ヴェイモン山の登頂に挑戦し、苦しい呼吸のせいで胸を激しく波打たせていた。彼女が吸い込む酸素は彼女が自分で持参したものではない。アンナプルナ〔ヒマラヤ山脈中の山群〕登頂を果たした男たちが携行せねばならなかった重い酸素ボンベを彼女も持参し背中に背負う必要があった、という話ではない。眼に見えない無数の他者たちが彼女の「ただ乗り」を許し、当面の間、彼女の肺を酸素で満たすのに貢献した、という事実をここでは述べているのだ。彼女を太陽光から保護する——これもまた当面の話だが——オゾン層は、彼女の頭上に円天井《まるてんじょう》 dome を形づくっている。そのオゾン層も、同じく眼に見えない無数の他者、しかも古くからいるその他者たちの仕事——二五億年間続く細菌（バクテリア）の活動——のおかげで、そこに発生している。彼女が呼吸をするときに放たれるCO_2のひと吹きは彼女をよそ者にしたり「モンスターのような昆虫」に変えたりするわけではない。彼女を数十億の呼吸者の一人にするだけだ。彼女が放ったそのCO_2はブナ森の木々の発育に利用される。そのブナ森の木陰で彼女は再び呼吸する。そしてその呼吸と同じ呼吸が、今度はこの道行く人を、ある晴れた午後、巨大都市を闊歩する歩行者に仕立て上げる。都市の外側のここ、人里離れたこの田舎にあっても、彼女はあくまで巨大な集合都市の**内側**にいる。この内側から離れることはできないのだ。離れれば彼女は即刻、窒息してしまう。

　取るに足らないグレゴールの両親同様、グレゴール自身も昆虫になる前は針金人形にすぎない人間だった。しかし、再び昆虫となった今、彼は自分が吸い込む空気、自分が観察する大気や青い空に対して、製造の必要、工学の必要、創意の自由、いや創意の責務があると知って、大いに衝撃を受けている。彼の頭上を覆う円天井がこの空に存在し続けるためには、また彼が外出時に窒息しないようにするためには（家の外に出るという意味であって、本当の意味で「**外**に行くわけではない」）、さらに多くの労働者、さらに多くの微小動物、さらに多くの微妙な配置、そしてさらに多くの努力が必要となる。そうでないと、空というテントを適切な位置に維持しておけない。**端**（縁《へり》）edge をそこに作るだけでも広大な天蓋《てんがい》が安定して存在しなければならないし、その下で彼がしばらく生き延びるだけでも桁外れに長い製造の歴史が必要になる。周囲の環境がもたらす生存条件を生き物 living organisms が変更する能力――巣（住処）や活動領域を調整済みの空気で満たす能力――と、これまでの製造の歴史とを合わせて理解するには、技術的装置、工場、格納庫、港、実験室を通すしかない。再び昆虫となったグレゴールから振る舞い方を速やかに学びたいなら、それを認めることだ。そうした媒介物を通してこそ、私たちは「自然」の性質をよりよく理解することができるのである。自然は「いの一番に『緑の』あるいは『有機体の』と形容されるもの」ではない。それは端から端まで人工物 manufactures で構成される。それが自然の第一の特徴である。ただし製造のために必要な時間は十分キープされねばならない。

地質学や生物学の解説書には意外な記述がある――「生き物 organisms が地上に理想的な生存条件を見出したのは『偶然』である。その『偶然』によって生き物は何十億年もの間、地上で繁栄することができた」。地上には生き物にとって好都合な気温、太陽からの距離、水、大気が確保されてきたというのである。真摯な科学者なら、生き物と「環境」とのそうした調和的関係（地質学者や生物学者はそう解説するが）を説く**強運説**などそれほど強くは信奉しないだろう。今では私たちはそう思っているかもしれない。そうだとすれば、それは昆虫に変身するという思いがけない経験が、あなたをまったく異なる視点、より地球に接近した視点へと導いているからだ。つまり、そこに「環境 environment」など存在しないと悟る。それは、シロアリ塚の中にいるシロアリに対し、「君は何と幸運か」と祝福しようとしている状況に喩えてみればわかる。何といってもシロアリ塚の中は暖房がほどよく利いているし、空調は快適だし、破棄物は溜まる間もなく処理される。ところが（あなたがシロアリに問いかける術《すべ》を知っているとしての話だが）、シロアリは当然それに反発するだろう。シロアリの何十億という同胞が自らその「環境」を作り出しているからだ。つまりシロアリ塚という「環境」は、プラハの街という「環境」がその住民から生まれいでるように、シロアリの群団から立ち現れてくるものなのだ。そこでは生き物 living beings とその周りとを分離する境界など引くことはできない。とすれば、「環境」という考え方自体が意味をなさないのである。私たちが呼吸するとき、私たち以外のすべての他者が呼吸に共謀するとすれば、厳密にいって、私たちを取り囲むものなど存在しないことになる。そこにある生き物の歴史が次のことを思い出させる――「生き物の発達に『適した』この地球は、生き物のデザインに合うよう生き物自身が**作り出した**ものである」。もっとも、そのデザインは上手に隠されているため、生き物自身がそのことに気づくことはない。生き物は弁別も覚束ない状態でも、自身の周りの空間を屈曲させている。彼らはその中に自らを折りたたみ、埋め込み、包み込み、丸め込んでいるのだ。

私は方向を誤っているだろうか。そうではあるまい。私は真の「外側」とは何かという問題に近づこうとしているのだ。子ども時代に流行った寓話を思い出そう。どこかの浜辺に打ち上げられた漂流者が決まって行うのは、（ジュール・ヴェルヌ〔一八二八～一九〇五、フランスの小説家〕の『神秘の島』〔一八七五〕に登場するサイラス・スミス技師のように）大急ぎで高台に上って自分のたどり着いた場所が大陸か島かを確かめることだろう。そこが島だと気づいて落胆はするが、前方に十分変化に富んだ広大な領域が広がっていれば、それなりに安心する。振り返って私たちも、たしかに一つの島に監禁されていることに気づいた。その島はゆったりしていて十分居心地がよい。いわばガラスの城か温室から覗くように、透明な見晴しであれば**内部から**島の端（縁）edgeをここと特定することができる。あるいは湖底を泳ぐスイマーのように、ふと頭上を見上げれば透明な水を通して空を眺めることができる。

　その外側についていえば――これが最も驚くべき事実だが――、実は私たちは一度たりともそれを**直接**体験したことがない。そのことを私はかなり前に学んだ。大胆不敵な宇宙飛行士でさえ、宇宙を歩くという**目的のためだけに作られた**窮屈な宇宙服に無理やり――ただし慎重に――身体を押し込んだのでない限り、あの劇的な宇宙遊泳を好んで繰り返したりはしないだろう。極小の「環境」とも形容できるその宇宙服は、宇宙飛行士をアメリカ航空宇宙局（ＮＡＳＡ）のケネディ宇宙センターにつなぐ。あたかも堅固なケーブルで宇宙飛行士を地上に連結しているかのようだ。ケーブルを外されれば飛行士はあえなく死んでしまう。この広大な**外部**、つまり**敷居の向こう側**に横たわるあらゆる事柄については、たしかに無数の証言があり、それらを研究者たちは読破し、学び、計算している。ところが彼らは常に実験室の**内部から**巨大望遠鏡を使って、自分たちが所属する機関から一度も離れることなくこれを行っている。想像力を通すのでなければ、あるいは**図示化された知識 illustrated knowledge**〔本書八〇頁参照〕や科学的記述（刻印）inscriptionsを通すのでなければ――後者のほうがまだ想像力よりはましだが――、実際には何もわからない。サターン・ロケット〔一九六九年、月旅行を成功させたアメリカの友人宇宙船打ち上げ用ロケット〕から見た地球と同様、私たちの興奮を誘うのは二〇一三年にNASAのオフィス内で描かれた地球のイメージである。それは一画素ごとに丁寧に描かれた画像だ。しかし、遥か遠くから見た地球の描写を可能にする脈絡の説明はいっさい省き、ただその客観性を祝ぐだけでは、客体についての誤解をもたらすだけでなく、ものごとを確実に理解する主体の能力についても誤解を与えることになるだろう。

シロアリが提供してくれたモデル（シロアリが前進するために用いた狭い導管）に張りつき、部屋から這い出て街へと向かい、街から山へ、山から大気へと突き進んでもまだ、私は自分がどこにいるのかわからない。ただ地面に杭を打ち込むことくらいはできた気がする。そうしておけば、次に部屋を出るとき、迷子にならずに済むだろう。端（縁）edge の**こちら側**は私たちが経験する世界であり、そのすべての領域で多種多様な**同胞**に出会う。同胞はモノづくりの妙技、大胆不敵な行為、彼らなりの自由を通して、彼らなりのやり方で複合体 compounds 全体（それはほぼ相互に連関している）を構築している。同胞の発明品はいつだって私たちを驚愕させてやまない。しかも、彼らと私たち人間との間には**家族的類似性**のような共通した何かがある――それを私たちは感じる。そしてその端（縁）を**超えれば**、そこはまったくの別世界になる。もちろんそこもまた私たちにとって驚愕すべき世界であり、「図示化された知識」の助けを借りてしか理解できない世界である。そこは私たちが直接体験できない場所、いつまで経っても私たちの**馴染み**にはならない場所である。外側、真の外側は月が公転する場から始まる。この月は、ロックダウンの中をいつまでも生き続ける人々、すなわちあなたにとり、無垢なるもの、外部なるもの、まさしく不変なるもの、したがって安心なるもの、了解可能なるもののシンボルとして、羨望とともに思考を巡らせることのできる打って付けの対象である。

私は今、内側と外側とを明確に区別するものの名称を探している。その名称は巨大な壁、新たな**分割** summa divisio〔ラテン語。理性的動物と理性を持たない動物との間に引かれる境界を意味してきた〕として機能するものでなければならない。こちら側にあるものを**地球** Earth と呼び、向こう側にあるもの（そういうことだろう）を**宇宙** Universe と呼ぶことを提案する。そしてこちら側に居住する者（むしろ居住することに**同意した**者というべきか）はアースバウンド earthbound〔地上とのつながりが強い存在〕あるいは**テレストリアル** terrestrials〔地上的存在〕と呼んでよいだろう――彼らは、ここでの呼びかけを始めるにあたって私が最初に関係を築こうとする相手である。留保つきながら、これらの呼称はどれも依然として暫定的なものである。私はいまだに標定の開始段階にいる。たしかに地球についてまだ多くを知る状態ではない。しかし、すでに地球を身近に体験していることだけは確かだ。もう一方の宇宙については、私たちは豊富な知識を持つが、それを直接、体験することはない。こちら側にいる私たち、つまりテレストリアルは、道具装着の準備をうまく整えていなければならない――境界の、つまり感知しがたいこの**境界線** limes〔limes は、古代ローマにおいて、ゲルマン民族の侵入を防ぐために造られた城壁という意味もある〕の、こちら側を旅するかあちら側を旅するかで道具は異なるデザインになるからだ。そうでない限り、厳密にいって私たちは、生き物が地球を居住可能にしている要因など把握できないだろうし、それができなければ私たち自身の**生存すら不可能にしてしまうはずだ**。

3 「地球 Earth」は固有名詞である

私たちの生存を不可能にしようとしているものは何か。さしあたりそれは、グレゴール・ザムザの変身物語に完璧な形で描写されている「**世代間葛藤**」であるといえるだろう。新型コロナウイルスがもたらしたロックダウン以来、私たちの誰もが、それぞれの自宅で、ある意味で「世代間葛藤」を生きている。

カフカの小説『変身』には、針金人形というほかない家族が登場する——肥った父親、喘息病みの母親、幼稚な妹だ。加えて、退屈そうな上司の「営業部長」、恐怖におののく二人の若いメイド、「骨ばった大女の」家政婦、そして三人のおせっかいな間借り人たちだ〔いずれも小説内の描写〕。そこへ昆虫に変身した主人公グレゴールが現れる。グレゴールの変身は私たちの運命を予示する。彼は以前より毛深くなり嵩《かさ》も増え、移動に難儀している。少なくとも最初のうちはそうだ。彼の多足が「歩行」を困難にする。固い甲羅は床に当たると鈍い音を立てる。もっとも、その多足を使えば他の人々にはできないこと、よりたくさんのものに張り付くことができる。壁を伝って天井まで這っていけることはいうまでもない。…壁を「通り抜けられる」生き物 creature としての彼の遍歴は、どれ一つ取ってもその優れた能力（巣［住処］、円天井《まるてんじょう》 dome、泡 bubble のような吹き出し、あるいは周囲の環境をかなり自由に構築する能力）を想起させないものはない。だからゆったりと安心していられる。巣、円天井、泡あるいは周囲の環境はひと言でいえば**内部** interiors ということだ。そして必ずしも快適とばかりはいえないその内部は、それを形づくる存在（エンジニア、都市計画専門家、細菌［バクテリア］、キノコ、森林、農民、海洋、山脈、シロアリ塚）が常に選択してきたものだ。さもなければ、彼らの先祖が無意識に準備してきたものだ。グレゴールの両親に関していえば、彼らこそ、アパートに閉じ込められた人たちである。彼らは大きすぎるアパートの「賃貸料」を払うことさえできないでいる。そのため、彼らが保持しうる唯一の内部といえば、不可避的に、他者の眼から見てかなり窮屈な、境界に隔てられた醜い身体ということになる。彼らは依然として身体に閉じ込められたままだが、一方、現代のグレゴールは**もはやそうではない**。グレゴールが本当の外部——つまり境界の向こう側——に到達していないとすれば、それはあらゆる意味で、「彼は依然として彼がよく知るこの世界の内側にいる」ことを示している。彼の両親が道路に面した我が家〔内部〕の扉を開けて出るなら、その途端にそこには脅威に満ちた外部が広がる。変身したグレゴールにとっての**内部** interiority は、地球の境界——まだぼんやりとしたものであることは確かだが——にまで伸びている。

　二つの世代——一つはロックダウン以前の世代、もう一つはロックダウン以後の世代——は、自らを**位置化する** localize 方法が異なる。小説中のグレゴールは、「両親には、こういうことがよく呑みこめていない」といった。これはあくまで婉曲ないい方だが、実際、両親とグレゴールとの間では、ものごとの測り方がまったく違う。計測結果に量的な差があるだけでなく、距離を記録する方法自体が異なる。二〇世紀という時代を「人間関係」という主題で語るとき、カフカの小説を人々が「コミュニケーション破綻」の最適例と見なしてもそれは驚きではない。ただし人々は、グレゴールによる自己位置の認識法と両親によるそれとの間の距離については計測を誤るかもしれない。両親が自分自身を世界に位置づける方法には、文字通り、他を押し込めてしまうものがある——地図から開始する方法のことだ。

そこでは自らの位置づけを次のような方法で行う。まず宇宙から出発して天の川を通り、太陽系、そして様々な惑星を通過した後、地球に到達し、グーグルアース〔アメリカのIT企業Googleが開発したヴァーチャル地球儀システム〕の上を滑るようにチェコまでやって来る。そうして首都プラハの上空にたどり着くと、残すは目指すブロックまでのひと飛びとなる。あの縁起の悪い病院が見えたら、道路を挟んだ向かい側にあるのがその古くてみすぼらしい〔ザムザ一家の〕アパートだ。飛行を終える頃には、グレゴールの両親による**位置化** localization はおそらく完璧になっている——ことに、土地登記簿から郵便局や警察、銀行の位置を引き、それを今風の「ソーシャルネットワーク」の情報とともにデータに加えれば間違いなく完璧だ。しかし、そこで走破された領域の広大さに比べれば、グレゴールの貧相な両親は無に等しい。それは単なる点 dot、点以下のもの、スクリーンが映し出す点滅した一画素でしかなく、最終的に画素が位置づけたものを緯度・経度に置き換え、元のものをすべて消し去って**終了となる**。位置化はこれをもって最終形となる。画素に隣人はおらず、先行者も継承者もいない。したがってこの最終形はまったく不可解な、実に奇妙な位置づけ法なのである。

一方、グレゴールの位置づけ法は、昆虫に変身しテレストリアル〔地上的存在〕となることによって、両親のそれとはまったく違うものになった。それは、彼が体得したもの、胸騒ぐ夢から目覚めたときにそこに残されたものとよく釣り合っている。彼が動きまわるとき、最初はたしかにぎこちなかった。ところがやがて一**歩ずつ**確実に歩めるようになったのだ。その結果、高所から、あるいは遠くからピンポイントで彼を叩きつぶすことなどもはや誰にもできない。年老いたザムザの父の、高く持ち上げたステッキをもってしても、グレゴールをぺしゃんこに叩きつぶしたり、画素に変えたりすることなどできない。グレゴールの両親には人間グレゴールの姿は見えないし、聞こえてくる彼の言葉は理解不能だ。ただ小説においてはそのことが、グレゴールを最終的に排除する理由にもなった（「そーれまあ、ご覧になってくださいよ。あれがくたばってますから。あそこに、すっかりくたばって、倒れてますから！」——「骨ばった大女の」家政婦がしたり顔で悪意たっぷりにそう宣言したのだ）。しかし現代の変身物語から見れば、叩きつぶされ、言葉を奪われ、消えてなくなったのは逆に両親のほうである。いまだに昔ながらの方法で位置化され localized、これまでと同じように食堂に幽閉され、身体を縮められ、卑小な自己の中にロックダウンされ（閉じ込められ）、グレゴールにとって聞くに堪ぇない言葉をぺらぺらと並べ立てているとすれば、間違いなくそうだ。今や現代のグレゴールは、新たな**逃走方向** line of flight へと歩みを進めている。

グレゴールの動きを追えば、私たちもまた、これまでとはまったく異なる形で価値を分布させることが可能になるだろう。もはや私たちは、コロナウイルスがもたらしたロックダウン以前と同じ世界には居住していない。ロックダウン以前の世代は、まず、彼らの卑小な自己から出発する。次に、自分たちが「人工の」とか「非人間的な」とか形容する物理的枠組み（プラハ、工場、機械、「近代的生活」など）をつけ加える。そして第三に、そこからさらに遠くを目指す――その跡をたどれば、そこに、彼らがすべてをごたまぜに詰め込んだ「**不活性な物体** inert things」という一包みが見つかる。しかもその包みは無限に伸びている。ただ実際のところ彼らは、それをどう扱えばよいのか、すでにわからなくなっている。

一方、ロックダウン以後の世代である私たちは、自分たちの持ち物すべてをまったく異なる方法で分布させることができる。私たちは「**不活性な物体** inert things」**に出くわした経験**など持ち合わせていないし、将来においても持つことはない。私たちだけでなく、実はこれまで誰もそんな経験を持ったことがない。私たちはそのことを理解し始めている。「不活性な物体」という考えは、たぶん私たちの先行世代には共通のものだった。しかし、私たちの世代はほんの短期間のうちに、そうした考えから抜け出すための試金石を手に入れた。私たちが遭遇する山々や鉱物、私たちが呼吸する空気、私たちが泳ぎを楽しむ川、私たちがレタスを植えるパウダー状の腐植土、私たちが何とかコントロールしようとするウイルス、私たちがキノコを探しに入る森林、そして青空さえもが、エージェンシー

〔行為能力、事象を引き起こす能力〕が行使された後の結果である。どうしてもこの点は強調しておかねばならない。エージェンシーをめぐっては、田舎の住民の間だけでなく、都市住民の間にも家族的類似性が認められる。私たちが遭遇するすべてのものはそのエージェンシーが行使された後の人工的結果なのである。

もし私たちが「自然の natural」という言葉を、生き物 living things とのつながりをまったく持たないという意味で取るなら、厳密にいってこの地球上に「自然の」といえるものは何一つない。むしろ地球上のあらゆる存在はエージェンシーによって育てられ、組み立てられ、イメージされ、維持され、創造され、密に相互連結されている。それぞれのエージェンシーは自身が何を欲するのかを理解し、ともかく彼ら自身のもので他の誰のものでもない目標を目指しているといえる。目標も意思も持たない「不活性な物体」はたしかにありそうだが、それを見つけるにはやはり**向こう側に**行かねばならない。そう、真上の空間、月に向かって進むか、あるいは、真下の空間、グローブ globe〔地球の球体〕の中心に向かって進むかだ。それは**境界線** limes を超えたところにある。私たちは宇宙 Universe について個人的経験を持つことはないが、より多くの知識を持つことはできる。なぜなら、それは「物体 things」から出来ていて、物体は外的な法則に従って徐々に折り畳まれていき、その折り畳みは小数点単位以下で**計算可能**だからである。一方、地球を育て維持するエージェント〔行為能力〔事象を引き起こす能力〕を発揮する存在〕については、私たちは常に計算に戸惑うことがある。エージェントは、外的な法則に従うことがないのに、どう見ても下るしかない坂道を逆に上り続けようとするからだ。

つまり、エージェントは常にエントロピー〔熱力学で物質の状態を表す抽象的な量の単位〕の人工滝cascade of entropyに抵抗するから、私たちはいつだって驚かされる。「**月より下の** infra-lunar」〔地上〕、あるいは「**月を超える** supra-lunar」〔地上の外〕という用語は、この重要な分割点を最終的に見分けるにはそれなりに役立つものである。

あなたの両親世代はあらゆるところに死を見出し、それに続くあなたの世代はあらゆるところに「生」を見出す——そう述べるのは容易いが、後者つまり「生」についての捉え方は二陣営で異なっている。一方の陣営、すなわち、「『不活性な物体』の真ん中で意識を与えられているのは自分たちだけだ」と考える陣営にとって、「生きている living」とは彼ら自身と、彼らの猫、犬、そして彼らが観賞するゼラニウム、たぶん彼らが散歩する公園だけを指す。なにしろグレゴールは小説の終わりにごみと一緒に箒《ほうき》で掃き捨てられてしまったのだから。もう一方の陣営、すなわち「変身」を遂げたあなたにとって「生きている」とは、たとえばシロアリと**同時に**シロアリ塚を指す。シロアリがいなければ、この泥の集積全体が設計され、建造され、景色の只中に小山のように立ち現れることはない(同じことは山にも当てはまるし景色それ自体にも当てはまる…)。当然ながらシロアリ自身もシロアリ塚の外では一瞬たりとも生息できない。つまり、シロアリの生存を支えるシロアリ塚は、都市住民であるあなたにとっての都市のようなものである。

「地球上ではすべてが生き物 life から構成される」——このようにいうとき、シロアリ塚の固い集積体はどの点から見てもシロアリの動きまわる身体と同じように生きているし、カレル橋〔プラハを流れるヴルタヴァ川に架かる橋」はどの点から見てもカレル橋に押し寄せる群衆と同じように生きている。キツネの毛皮もキツネと同じように、またビーバーが造り出すダムの池もビーバーと同じように、そして細菌や植物が排出する酸素も細菌や植物それ自身と同じように生きている。それをあなたが理解するなら、それを表す用語が必要だろう。バイオクロース的 Bioclastic[4]、あるいはバイオジェニック的 Biogenic[5] ではどうだろうか。ともかくそれは、自由と創意がそこに常に含まれるという、通常とはいくらか異なる意味で**人工的**なものである――だからこそ至るところに驚きがある。シロアリ塚、カレル橋、毛皮、ダム、そして酸素が、それらを生み出したもの〔シロアリ、建造者、キツネ、ビーバー、細菌や植物〕よりも**今少し長く**存在するという意味で、それは堆積作用といえるが、堆積作用それ自体も「生きている」といってよいだろう。ただそれらのエージェンシーが「生きている」ためには、もう一方のエージェンシー、すなわちシロアリ、建造者、キツネ、ビーバー、あるいは細菌や植物が躍動力を維持していることが条件である。昔ながらの習慣を持つ私たちの先行世代と違って、私たちテレストリアルは「生きている」という形容詞を**二つのリスト**に対して使うことを学んだ。一つはシロアリから始まるリスト、もう一つはシロアリ塚から始まるリストである。二つのリストを引き離すことはしない――これこそ近代人以外の人民 peoples が決して忘れなかった習慣である。

4　バイオクロースとは、海洋環境に堆積した堆積岩、特に石灰岩品種に見られる海洋生物や陸生物の骨格断片の岩石層。
5　バイオジェニックとは、「生命活動に必須の、生命活動によって発生した、有機物から発生した」という意味。

「世代間葛藤」が、人間の伝達不可能性についての近代的証言になっていることは明らかだろう。私はさらに進んで、これを「生成 geneses 間の葛藤」、直言すれば「**発生** engendering 間の葛藤」と宣言したい誘惑に駆られる。なぜなら、テレストリアルが出会う存在すべてに「家族的類似性」を見出すことは最終的に無駄とはならないからだ。それは、テレストリアルのすべてが「**発生に関わる関心事** engendering concerns」と呼べるものを共有している、あるいは過去に共有していたことを意味する。結局こうしたことが、昆虫に変身したグレゴールを揺さぶり続けた当面の懸念であった。すなわち、グレゴールを最も動揺させたのは、彼の家族の要求に応じる術《すべ》を、そもそも彼が持ち合わせていなかったということである!

今気づいたが、シロアリと同じことはヴェルコール地方の厳しい冬を耐え抜こうとするシダ、トウヒ、ブナ、そして地衣類等の植物についてもいえるし、見事なウルゴニアン石灰石 Urgonian limestone に姿を変えたサンゴ礁についてもいえる〔前章参照〕。かつてのサンゴ礁は、岩壁の険峻さで名高いエギーユ山〔二〇九七メートル〕を凌ぐこの北方に聳えるグラン・ヴェイモン山の麗しい側面だといわれる。こうした存在すべてが、ごく当たり前な意味で自らの**生存**の問題に向き合わねばならない。まさに生き永らえる術を学ぶということだ。したがって、プラハの技術者たちがこの都市の宝物であるカレル橋を定期的に検査し、必要ならば頻繁に改修を加え、維持しようとする理由もよくわかる。バティスト・モリゾ〔一九八三〜、フランスの哲学者。野生生物のフィールドワークで有名〕は、ヴェルコールのASPAS自然保護区の近隣に狼、羊、酪農家、狩猟者、有機農家などを集合させる試みを行ったが、そこでも同じ生存をめぐる同種の関心事がたしかに作用した。私たちをロックダウンに追い込んだ有名なウイルス〔新型コロナウイルス〕は今なお居続け、人間の口から口へと広がり続けるために微小な変異を繰り返している。これもまた微細な発明の積み重ねを通してなのである。地球とは、「生存や発生に関わる関心事」を持つ存在たちすべてが維持する、連結、連合、重なり合い、組み合わせのことだ——地球について私たちはそのようにいうことができる。グレーテが自身の親愛なる昆虫の兄グレゴールを指さして、無慈悲にも「これ〔＝昆虫グレゴール〕をお払い箱にすることを考えるべきなのよ」と提案したとき、ザムザ一家は明らかに〔「発生に関わる関心事」という〕問題を単純化したのである。

なるほど、そうであれば「発生に関わる関心事」を持つ存在のリストを、これまで以上にしっかりと、そして**長い時間をかけて**追跡していけば、「世代間葛藤」をさらに深く吟味することが可能となろう。それらの存在が、自分たちの間に「**家族的類似性**」があると常に感じているとすれば、それは偶然のことではない。そこでは現存するすべての存在が、少しずつ、ある一つの発明に自らを調和させているからだ。それを専門家は「分岐 branch」と呼ぶが、分岐が先行者や継承者との関係を生み出す。そしてそこから生まれた微細な違いが、私たちに系統樹、系図のようなものを少しずつ作成することを可能にさせる。藪が多く、ときとして不完全なこの系統樹が、私たちの一人ひとりをその出発点にまで連れ戻す。それはサケが故郷の河川を俎上し、最終的に上流にある自分たちの出生地に行き着くようなものだ。

都会人は自分たちの系統樹の描き方を学んでいるはずだ。都市計画家はあなたに、都市の**進化**――たまに使われる用語だ――をそれこそ区画ごとに語ってくれるだろう。もし都会人のあなたがセイ・エグノン〔北フランス、エヌ県の以前のコミューン〕近くの田舎に行ったなら、そこでは地質学者がヴェルコールの堆積岩の**歴史**――これはしばしば使われるもう一つの用語だ――を、都市計画家が都市を語るのと同じように語ってくれるだろう。もしあなたが植物学者と共にそこを歩くという幸運に恵まれたなら、植物学者もまた、山岳植物の社会学について同様に語ってくれるだろう――そのときあなたは、山岳植物たちがグラン・ヴェイモン山の麓にある「特別自然保護区」を濃厚な香りで満たしていることを知るはずだ。もしあなたがアン＝システィーナ・ティラー〔現代フランスの民族学者〕と合流するなら、彼女はあなたに、アチュアラ族〔上流アマゾンの熱帯低地に住む先住民族〕の素晴らしい菜園の横断的生成 cross-geneses について話してくれるだろう。もしあなたが散歩の同伴者にリン・マーギュリス〔一九三八～二〇一一、アメリカの生物学者。細胞内共生説を提唱〕の仕事について語る細菌学者を加えるなら、その物語はあなたを、より不安を呼び起す藪の奥、遥か昔に原生生物と古細菌が細胞内共生という偉業を成し遂げた場所へと連れて行くだろう――しかし、そこであなたが物語の撚糸《よりいと》を見失うとしても、ヴァシオン・イ・ヴェルコール〔南フランス、ドローヌ県にあるコミューン〕の先史美術館（レジスタンス美術館の真下にある）に赴けば、いつだってより近い時代にまで戻ることができる。そこではまた別の撚糸を追跡可能にするはずだ――その撚糸は珪石《けいせき》〔石英などの粒からなる堆積岩またはその変成岩〕の物語を、花粉や珪石裁断機（裁断機の迫力たっぷりの刃は先史時代にヨーロッパ全土に輸出された）に結びつけるだろう。あなたは、「生成 geneses」を形づくるこうした段階のすべてに驚愕する。しかし最終的にあなたは、これらがあなたのよく知る問題の解決に関わる話だということを決して忘れてはならない。ロックダウンの問題か。まさにその通り。それはあなたの**自宅で**起きていることだ。

今や「地球 Earth」という言葉は、昔ながらの位置づけ法とは異なり、数ある惑星の一つを指すものではない――そのことを私たちは次第に理解するだろう。今後、地球という言葉は宇宙空間に存在する無数の天体の一つの名前ではなく、現存するすべての存在の寄せ集めを示す**固有名詞 proper noun** となる。それは寄せ集めにすぎないから、一つの全体にまとめ上げられるものではない。しかも個々の存在の間には「家族的類似性」という特徴がある。皆、共通の起源を持ち、地球の**ほぼすべての場所に**広がり、あふれ出し、混合し、重なり合っているということだ。またその過程ではそれぞれが、頭のてっぺんから足の爪先まですべてのものを変形させ、発明をつけ加え続け、絶えず初期条件に修繕を加えている。こうしてすべてのテレストリアルは、彼らの先行者の中に、彼らに利益をもたらす生存条件の提供を見出すことになる――それはザムザ一家にとってのプラハ、シロアリにとってのシロアリ塚、木々にとっての森林、藻類にとっての海洋、アチュアラ族にとっての菜園といったところだ。またすべてのテレストリアルは、自らの継承者の世話 look after を当然の務めとする。なお、今しがた述べた「ほぼすべての場所に」とは、テレストリアル自身が拡張 extend し、独自の経験で貢献しうる**範囲内で**、という意味であって、**決してそれ以上のものではない**。

したがって「地球 Earth」という言葉は、エージェント——生物学者が「生き物 living organisms」と呼ぶ存在——**のみならず**、エージェントの行為の効果、こういってよければエージェントの**ニッチ**〔生息上の適所〕、あるいはエージェントが通過するときに残す痕跡のすべて、内骨格と外骨格、シロアリとシロアリ塚を含む。セバスティアン・デュトレイル〔フランス国立科学研究所（CNRS）のリサーチフェロー〕は「生命 Life」を**大文字始まり**で記述し、そこに生き物だけでなく、生き物が時間の経過とともに変形させたもの（海洋、山々、大地 soil、大気を一つの線上に並べてみたときに見えてくるもの）のすべてをも含めるべきだと主張する。もし**小文字始まり**の「生命 life」が、宇宙のほぼすべての場所でその発見が期待されている生命という意味での普通名詞であるなら、大文字始まりの「生命 Life」は、**この**地球と、そのきわめて特殊な組織体 organization を意味する固有名詞とすべきだろう。ただそうすることは新たな誤解を生み出す危険もある。「生きている living」という言葉は「**有機体** organism」という言葉と対で使われることが多いからだ。幸いなことに、大文字始まりの地球 Earth という固有名詞を、小文字始まりの earth という普通名詞と混同させないために、私は奥の手として**ガイア**[6] Gaia という専門的で学術的な名詞を導入することができる（よくあるギリシャ語由来の名詞だが）。良くも悪しくも、ガイア Gaia はことさら多産な、ある神話的姿形の名前でもある。私たちはテレストリアルという存在を、小文字始まりの普通名詞を使った「**地球上にいる** on earth 存在」としてではなく、大文字始まりの固有名詞を使った「**地球あるいはガイアと共にある** with Earth or Gaia 存在」として捉えることになるだろう。

4 「地球 Earth」は女性名詞／「宇宙 Universe」は男性名詞

当初の驚きが通り過ぎた後、私は多くのテレストリアル〔地上的存在〕の一人として自分自身を位置づけ始めた。そして、テレストリアルというものが、ある種の未分化な空間をただ「自由に」動きまわる存在ではないことを理解した。テレストリアルは自らの空間を一歩ずつ構築する。興味深いことに、「自由に」動きまわる自由を最終的に私たちに与えるのは、「閉じ込められた」という感覚であ

6　ジェームス・ラブロック（一九一九～二〇二二、イギリスの生化学者、地球科学者）は、火星と比較して地球には非平衡状態の大気が存在していることを見出し、地表のきわめて薄い表層領域に、生物が環境と相互作用して維持する地球生命圏が存在すると議論し、それをガイアと命名した（彼はガイアを生き物 living organism と見なした）。ガイアと称したのは、従来の「地球」の考え方（物理的存在で球体《グローブ》としての地球）から距離を置こうとしたためである。なお、ガイアは元来、ギリシャ神話で原初の大地女神を意味する。次章『「地球 Earth」は女性名詞～』では、ガイアと大地女神との関連を糸口にさらに議論を発展させ、歴史的に蔑ろにされてきた「自然」と「女性性」とをつなぐ。

る。シロアリに変身したおかげで、私たちは、唾液と泥で狭いトンネルを築くことなしに一瞬たりとも生き延びられないことを自覚した。実際には、そのトンネルこそが、完全に安全な状態で数ミリの距離を移動することを可能にする。トンネルがなければ移動もない。新型コロナウイルスがもたらしたロックダウンによって、私たちは昔ながらの自由を失う代わりに、新たな自由を獲得した。最終的に現代のグレゴールは、自らの場所を見出し、自由に動きまわることができるようになった（一方、家に隔離された彼の両親は永遠にそのままで、自由に動きまわることができない）。「一歩一歩」の動きに導管を設けるという義務が、グレゴールを自由にしたように私をも自由にする。代価を払うという条件さえクリアすれば、私もまた、くねくねと先に進むことができ、自身の存在場所を少しでも長く探査することができるのだ。

　第一にすべきは、どれだけ先に進めるかを吟味することだ。そして永遠のロックダウン状態にあることを私があえて受け入れようとしているこの新たな空間〔テレストリアルが居住する惑星地球＝ガイア〕に、どのような境界limitsがあるのかを明らかにすることだ。テレストリアルは探査的な侵入を繰り返す中で、**上方**二、三キロメートル、あるいはもっと**上に**向かったときにぶつかる境界をかなりスムーズに見出すことができる（もちろん正確な距離については議論の余地があるにしても）。また、**下に**向かって進んだときにぶつかる境界も、二、三キロメートル進めば（こちらはさらに曖昧な予測値だが）簡単に見出せるだろう。下の境界は、地球化学者が精確に「母なる岩盤」と呼んだものが、植物の根や水流によって破砕されることなく、また微生物によっても変質させられることなく存在しうる場所である。そこはこの世界の下の限界に当たるところで、それより下の、惑星地球のより深部は、宇宙が始まる場所である。少なくともそのことを私はパリの惑星地球物理研究所 Institut de physique du globe の廊下をぶらつく中でアレクサンドラ・アレンヌ〔現代イギリスの環境人類学者、景観プランナー、ガイアグラフィー・プロジェクトを展開〕から学んだ。**新たな空間の描出**を試みた彼女の仕事は、「完全に閉じ込められた状態」にある私たちの大多数に対して、私たちが持つべき**境界** confines についてのかなり公正な見方を与えてくれる。すなわち、テレストリアルは自由に動きまわることはできるが、それはナップ nappe[7]、バイオフィルム〔生命の薄膜〕、地下水流が存在する範囲内に限定されるということだ。地球 Earth あるいはガイア Gaia として知られる、生き物 living beings が乗り合う潮流は、後に続く生き物たちの、ある種の持続可能な生存条件を作り上げた。しかしその範囲は、波打ち際「一メートル先」といったことではない〔そうした計量法で測れるものではない〕。

もし私たちがそうした境界 limits を喜んで受け入れようとしているならば、それは私たちが、数キロの厚みしかない生命の繊細な層（適切な装置があればそこを探査することができる）と、「図示化された知識 illustrated knowledge」（宇宙の境界についてだろうが、地球の中心・深部に降りていく話だろうが関係ない）を通してしか行くことのできない場所とを、もはや混同したくないと思っている

7　本来下にあるはずの古い地層や岩体が、衝上断層（逆断層のうち断層面の傾斜が緩やかなもの）によって新しい地層を覆うことがあるが、これをナップという。

からではないのか。昆虫か甲虫に変身したグレゴールは自分の身を隠すために長椅子の下にペタッと横たわったけれども〔本書一四頁参照〕、テレストリアルは地球のこの薄膜の層の中に身を置いて薄膜で覆われた状態を維持しなければならない。それを私たちは理解し始めた。その頼りない層は、かつて私たちが想像していた外部世界とは比較にならないほど小さな代物である。その外部世界を私たちは宇宙と呼び、その中を何の拘束もなく自由に動きまわれると思っていた。また外部世界の一つひとつの場所を最終的に特定するには、学校で習った「直角座標」を使ってそれらの場所を方眼紙に描き、それを見取図にすればよいと思っていた。

ジェローム・ゲヤデ〔現代フランスの地球化学者〕は、この薄膜の層、このバイオフィルム、このワニス varnish〔薄いコーティング〕の呼称として、**クリティカルゾーン**[8]という表現があることを私に教えてくれた。そのゾーンが持つ緊張性、壊れやすさ、端（縁《へり》）edge、境界面 interface という性質を考えれば、たしかにそれは**クリティカルな**〔決定的に重要な〕対象なのだから、命名はかなり的を射ているといえるだろう。ただゾーンの重要性を今少し正しく表現するには、クリティカルという用語の意味を再考しなければならない。私がまだ若かった頃、私の先行世代の人々は、「対象との距離を保つことで、常に疑問を持って学ぶ」という能力のことを指して「クリティカル〔批判〕精神 critical spirit」と形容した。これに対し、クリティカルゾーンの中で生きるとは、これから生まれてくる生き物の生存条件を危うくすることなく、「私たちの生活を**少しだけ長く持続させる**」ことを意味する。つまり、そこでは「クリティカル」という言葉が人間の主観的、知的な性質ではなく、きわめて客観的な危機的状況、それも**急速に接近してくる危機的状況**を示している。

それは空間に関する問題だけでなく、私たちを取り巻く関係の一貫性 consistency をめぐる問題でもある。私たちは世界をまったく違うものに変えてしまったようであり、そこでは以前聴こえていた共鳴が聴こえなくなったようなのだ。ロックダウンを通り抜けた人々に、「自分たちはグレゴールのような変身を遂げた」と感じさせるのはそのためである。一日が終わるとき、私たちはもはや昔ながらの「人間」ではなくなっている。それが私たちを居心地悪くもさせる。「私たちを半ば窒息させるマスクなんてもう真っ平だ」。そう愚痴をこぼそうものなら、居心地の悪さはさらに強まる。

ロックダウンの期間中に気づいたのだが、私たち、とりわけ一定の特権を享受している者たちは、自宅から外出すること、あるいは一キロ範囲という規則を超えて遠くへ行くことは禁じられていたものの、映像、ズーム、スカイプ、ネットフリックス〔アメリカのオーバー・ザ・トップ・コンテンツ・プラットフォーム〕といった「コミュニケーションツール」を媒介にして**もう一つの世界**に「外出」することができた。そのため、私たちが強く意識したのは、一方に私たちが触ったり、測ったり、匂いを嗅いだりすることのできる壁、家具、ベッドルーム、ベッド、猫、子どもたちなど、具体的な存在があり、他方に物語、成り行き、オンラインショッピング、**ネコ科の動物** felines（つまりライオンと

8　クリティカルゾーンとは、物理的環境と生物活動・生物圏とが濃密な相互作用を展開する、地球表層数キロの薄膜、地球生命圏のこと。

かトラだが）など、この世界のものとはいえ触ったり、抱きしめたりできない、「コミュニケーションツール」を介しての存在があるということだ。そこには実にはっきりとした対照性がある。おそらく、テレストリアルがクリティカルゾーンについて経験することと、宇宙についてあくまで**間接的に**理解することとの間には、これと同じような対照性があるのだろう。

このうち後者とつながるには、高品質のｗｉ‐ｆｉにアクセスできるだけでは実際には十分でない。さらに、器具、センサー、探査機、発掘活動、調査研究、人工衛星などが提供する一連のイメージや、一連の刻印 inscription、痕跡、論文にもアクセスできなければならない。そしてこれらの道具は、潤沢な資金提供を受けた科学者の広範なコミュニティによって、長い年月をかけて準備されたものである。私たちはそこで取得されたデータの豊富さに啞然とし、データ解釈に必須な想像力の豊かさに瞠目するとともに、データを相互連結させる計算の正確さに驚嘆するだろう。ただそれ以上に驚きなのは、当の科学者たちは、ディスプレイ画面に散らつくデータをひたすら追い続けるだけで、オフィスを離れることすら許されないという事実である。ロックダウン下で知られるようになった表現を借りれば、彼らは皆**リモートワーク**をしているのだ。話題となっている対象から距離を置き、できる限り客観的な形で対象にアクセスしようと努める一方で、実際には固定された位置から決して離れることはないのである。したがってそこには隣り合わせの危険がある。もしディスプレイ画面での走査をやめれば、彼らは科学的な刻印に基づく知識を離れ、想像へと、それから架空へと、そして場合によっては妄想へと簡単に流れていく危険性がある。だから彼らがどれほど遠くへ行こうとも、彼らがものごとを**正確に**知りたいなら、彼らはあくまで画面のデータに鋲《びょう》留めされたままでいなければならない。まさに計算の中に鼻を突っ込んだままでいるということだ。結局、オフィスの中で作られる彼らの客観的知識は、「〔地球上の〕どこでもない外側から〔つまり宇宙から〕」もたらされることは決してないのである。科学社会学から導かれるこの要点は、新型コロナウイルス感染症についての知見が日々ジグザグを描くように明らかになる中で、誰もが感じてきたことだろう。そうだ、間違いない。客観的知識の産出は、困難を伴うゆっくりとした工程によって徐々に積み上がる。そこに高跳びがあるわけではないのだ。

今回のロックダウンが与えるこうした教訓《レッスン》を忘れないことこそ重要である。「家庭内でのリモートワーク」と「家事」とを混同し始めると、信じがたいほどの危険を招く――地球に居住する存在の振る舞いは、**境界線** limes の向こう側にあるものが従う運動法則に同じように従うわけではないからだ。宇宙に帰属する存在は、科学によって記述されたもの〔刻印〕を通して初めてアクセス可能になるが、その存在は外部的な法則に**従うもの**の光景を、それも気の遠くなるほど遠方にある光景を私たちに示す。他方、地球に帰属する存在は、「発生に関わる関心事 engendering concerns」を共有することへと向かう。この関心事は、地球に帰属する存在が依存しているあらゆるアクター〔他に作用を及ぼしうる存在〕の侵入行為によって、彼らの行為の行程が**邪魔される**ことから生じている。宇宙に帰属する存在と地球に帰属する存在とを混同することは、オンラインの講義と対面講義とを混同する教師の振る舞い、ビデオゲームと「直接の」対戦とを混同するフットボールファンの振る舞い、あるいは既成の完成した科学と今構成されつつある科学とを混同する哲学者の振る舞いにも似ている。両者の違いを重視するとは、ひと言でいうなら、後者が作り出す無数の**驚き**を見失わないようにすることである。驚きは、テレストリアルが相互作用を引き起こすたびに彼らの行為の行程に現れ、その歩みを中断させる（形容詞として使われる場合の「テレストリアル」は、現存する存在——すなわち蚤、ウイルス、最高経営責任者（CEO）、地衣類、エンジニア、農家など——を指すのではなく、一連の先行者と継承者の間にあって、私たちが自らをそこに**位置づける**そのあり方を指す。そこは先行者や継承者が持つ「発生に関わる関心事」が一瞬交差する地点である）。

　私たちが犯しがちな誤ちは、オンラインの日常は自分たちの頭脳を思いのままに解き放ち、ものごとを初期状態から予測可能な最終状態へと**真っ直ぐに突き進ませてくれる**と考える点にある。私たちは、初期状態さえ与えられれば「その後はすべて、計画通りに進む」と信じるまでになっている。これこそまさに、リモートワークの生活がもたらす危険である。一方、地球と共にあるとは、つまり「直接的に関わる」とは、すべての段階ですべてが驚きに満ちていることを意味する。そこでの連続性continuity は必然的にこの直接性のルールにおける例外をなす。なぜなら、現存する存在がいかに取るに足りないものでも、「発生に関わる関心事」は常にその存在に対して、発明や創造の類を要求するからだ。現存する存在は、そこにいる多数の他の存在が課す、避けることのできない「**存在の割れ目** hiatus in existence」に常に直面しながらそれを乗り超えて、目標を達成しなければならない。そのためにはそうした発明や創造が是非とも必要になる。「存在の割れ目」は、少しでも長く持続したいと望む者たちがどうしても乗り超えねばならないものなのだ。それゆえに、**オンライン**を通した宇宙へのアクセスと、**その場その場の**生活に根づいた地球へのアクセスとを混同しないことが大切だ。

さて、私が強く感じるのは、こうした二種類の動きを混同するよう強いているのが先行世代であるということだ。私たちが今ここで扱っているのは、まさに「世代間葛藤」、より正確にいえば「発生に伴う葛藤」なのである。それは先行世代が私たちの生を不可能にするという意味だ。地球が供給するモデルをもとに何世紀にもわたって宇宙を描こうとしてきた結果――ミクロ宇宙とマクロ宇宙との相似性はよく知られている――、人々は宇宙のモデルこそ地球上の生命を再モデル化する優れた方法だと考えるようになった。それは**すべての割れ目** hiatus **を埋めて平らにする**ことを意味する。つまり地球が供給するその場その場のモデルに基づくかつての考え方に代えて、既知の現象が単に**そこに登場するだけだ**と、いい換えれば、原因から結果に向けた途切れのない**流れがただそこにあるだけだ**と捉えるようになった。実際は、そこで実行されるいかなる行為にも、その行程においては一貫性 continuity を担保するための「発生に関わる関心事」があるのだが、それを考慮することなく、それがあたかも存在しないかのように振る舞った。かつてギリシャ語で**自然**、**ピュシス** phusis〔本書注20参照〕と呼ばれたものを、「自然 Nature」の下に覆い隠し、埋めてしまったのである。この「自然 Nature」という語を、昔の人々はきわめて正当なことに、「隠すのが好きな」という意味で使っていた。

さらにいえば、クリティカルゾーンを調査する研究者たちが構築してきたパラダイムは、実験室とフィールドとの距離を基盤にしたものだ。彼ら曰く、「もし実験室がフィールドで起きる現象を上手に予測できないとすれば、それは、フィールドで活発に展開する現象が無数のアクターの**侵入**を受けて速度を低下させるからである」。これら無数のアクターは、そこにやって来ては自らの動力学を発動し、計算を複雑にすることで、そこに望ましい化学的変換を追加する。調査地点が増えるにつれ、地球の**異質性**も増えてくる。ともかく、クリティカルゾーンが「**異質だ**」と主張することは、そうした「発生に関わる関心事」や、そのゾーンの長期生存可能性を生み出す「存在の混成体」というものがそこに存在するといい続けることを意味する。したがって私たちは、こうした縺れすべての目録が完成するまで、それぞれの現象、それぞれのフィールドに合う**アドホック**〔特別〕なモデルを何とか作り続けていかねばならない。

困難を倍加させる原因は、地球 Earth や**ガイア** Gaia が「どこまでも」伸び広がっているわけではないことだ。それどころか私は次の事実を知ることとなった。それは、ティモシー・レントン〔一九七三〜、イギリス・エクセター大学教授。気候変動とシステム科学専攻〕が宇宙の視点からクリティカルゾーンを観察し始めたとき（つまりエクセター大学グローバル研究所の、アースバウンド〔地上とのつながりが強い存在〕と呼ぶにふさわしい第一線の研究者たちをスタッフに持つ彼の研究室からそれを観察し始めたとき、ということだが）、ガイアの重さは太陽からくるエネルギー全体の、あるいは惑星地球 earth（ここは〔小文字始まりの〕普通名詞であり、もはや私たちはそれを〔大文字始まりの〕固有名詞と混同しない）の中心点から四方に発散されるエネルギー全体の、ほんの〇・一四%を占めるにすぎなかったという事実だ。それこそが、物理学者が生き物 life の作用を真剣に受け止めようとするときに経験する困難を説明する。テレストリアルが自ら幽閉されていることを見出すバイオフィルムは、遠くから眺めればきわめて薄い地衣類のようでしかない。だから、〔大文字で始まる固有名詞としての〕地球Earthに起きている事態を完全に無視したいという誘惑はなかなか抗しがたいものなのだ。それを私たちは認めねばならない。実にわずかな塵《ちり》、わずかな腐植土、わずかな泥。かわいそうなテレストリアルよ。彼らはＤＩＹ〔日曜大工〕の貧相な手細工品に継ぎ当てをしながら、一瞬一瞬を生き抜くために代価を払い続けねばならない！　グレゴールの父、ザムザのステッキは、そうした不幸な昆虫であるテレストリアルを追い立てるために、相変わらず空中に振り上げられたままだ。まるで、対面という「現実」の生活はヴァーチャル（仮想的）な「真」の生活の代替などには決してならないといわんばかりである。

　しかしながら、そうした事実は、〔大文字で始まる固有名詞としての〕地球がその内に宇宙の小片を収容するという状況を止めることはない。運よくも私たちは、計算の力に加えて多くの道具を揃え、長い実習期間を経ることで、保護された囲い地enclosuresの中に「真空の宇宙」という小さな貯水池を実際に作り出すことができた。その貯水池では、ものごとが計画通りに、つまり原因から結果に向かって途切れなく進む。もっとも、実際にそれが可能になったのは、多数の刺激的な発見があり、長きにわたるリハーサルが繰り返された後である。当然だが、リハーサル期間中は計画通りには何も進まなかった。…ここでいう貯水池とは、[9]（五三頁）科学史家や科学社会学者が興味を持つ実験室のことである。それは粒子加速器やパイル原子炉に始まり、驚異的な国際熱核融合実験炉（ＩＴＥＲ）へと至る。ＩＴ

ERは、まごうかたなき究極の**ロックダウン**状態を通して、太陽を輝かす融解と類似の融解をほんの数マイクロ秒だけ作り出す。しかしそうした偉業はブーシュ＝デュ＝ローヌ県〔フランス南東部、地中海沿岸地域〕のサン・ポール・レ・デュランス〔カダラッシュ原子力研究センターがある〕でしか生じない。何十億ドルにも上る資金的裏づけと、テレストリアルとしての特徴を十分備えた技術者、エンジニア、検査官、監督者による用心深い監視――彼らはその囲い地から決して離れることはない――、そして失敗すれば大災害をもたらすというペナルティ条件の下で、それは成し遂げられているのである。

地球に存在するそうした宇宙の貯水池、水たまり、隔離場は、夢の中を除けば決して切れ目ない連続的つながりを形成することなどない。あえていえば、それは一連の**隔離部屋**――それぞれが完全に切り離されている――のようなもので、それぞれの部屋が個別に、生ける者、すなわちエンジニア、研究者、技術者、管理者の発明の才に大きく依存している。こうした隔離部屋にあるものが〔固有名詞としての〕地球を作る要素の**代替になる**わけはない。医者や流行病学者が血生臭い新型コロナウイルス感染症の知見を何とか「標準化しようとして」、来る日も来る日も苦難に陥っているのを眼にしたとき、私たちは皆そのことを強く意識したのではないか。

先行世代はガイアを、途切れのない同質な宇宙の連続空間から浮き上がった薄気味悪い斑点のようなものと捉えた。しかしテレストリアルは反対に、そうしたイメージを逆転させ、宇宙の小さな島々〔＝実験室〕こそが、地上での旅の行程で自分たちが出くわしそうなもの、しかも高額をかけて辛うじて維持されてきたもの〔すなわち宇宙もどき〕と見なす。生き物 living things たちは互いに絡み合い連鎖を形づくる——しかも彼らは連鎖を絶えず修繕する。その連鎖を軽やかな覆いと見立てれば、宇宙の小さな島々、群島はこの覆いを背景にすることで初めて明確な輪郭を描いて浮かび上がるものなのだ。たしかにこれらの群島は実に見事だ——群島との出会いという素晴らしい体験について耳にするたびに私の眼は感動の涙で一杯になる。しかしそうした体験は、群島を支えるエージェンシーとは異なるエージェンシーに常時支えられている「生き物の世界」にあっては、むしろ例外事というほかない。群島における体験はウサギがカモに変わり、カモがウサギに戻る、あの〔知覚判定の〕捉えどころのないイメージのように、遠景にあったものが前景へと突如、飛び出してくるようなものでしかない。

そのため、群島における体験は依然としてもう一つの形而上学的物語のままだ。私たちが経験した今回のロックダウンはこの物語に実にぴったりのモデルを提供するだろう。要するに、私たちがオンライン上で「無限宇宙」を旅する間にも（あるいはそれに失敗し、連続テレビドラマに移送される間にも）、無数の仕事の存在がなければ私たちはそれほど長くは生き延びられないということだ。そのことを私たちは自覚する必要がある。それらの仕事の中にはこれまではっきりと意識されなかったもの、たとえば仕出し業者、配達業者、運搬業者、そして看護師、救急車の運転手、救命救急士などの

9 （五一頁） 黒鉛（石墨《せきぼく》）を減速剤として用いた初期の原子炉（黒鉛炉）。歴史上初めて臨界に達した原子炉はアメリカのシカゴ大学に一九四二年に設置されたシカゴパイル一号。

仕事が含まれる。正当な評価も十分な報酬も得てこなかった一群の仕事である。食事を摂るというごく単純な行為だけでも、それを可能にするには、大群のエージェントが日常生活の基本を「維持する」ための仕事に就いていなければならない。この点については、それまでまったく気づかなかったわけではないが、ここへきて思わぬ形で再認識させられた。これまで見過ごしがちだった仕事が逆に無くてはならないものに（反対に、これまで無くてはならなかった仕事がそうでもないものに）見えてきた。ロックダウンの中にあって、教員という仕事が、自宅で我が子に読み書きやそろばんを教えるよう求められた両親にとっては非常にハードな仕事に見えてきた。家庭内での男女間の家事分担の偏りが、特に注目されるものになってきた。毎日がいかに単純な繰り返しにすぎなくても、日々の生活を維持するには実に多くの仕事が行われている。そのことを私たちは再認識したのである。

もし私がロックダウンの経験を非常に有益なものとして捉えているとすれば、それは、「**発生に関わる関心事**」が次第に見えなくなっていったこれまでの歴史に、ロックダウンが真実味を持たせるからだ。このことは、「発生に関わる関心事」という言葉の起源というよりもむしろ、**ジェンダー・トラブル** gender troubles〔社会・文化的性差に関わる困難〕という言葉の起源を調べるだけでわかる。フランス語で地球 Earth は女性（固有）名詞である――忘れてならないが、ガイア Gaia もまた女性（固有）名詞である。他方、宇宙 Universe は男性（固有）名詞である。この違いは偶然ではない。他の女性哲学者、女性歴史家らとともに、エミリ・アッシュ〔現代フランスの哲学者。エコフェミニズム研究者〕は、発生に関わる問題を女性や母親の生殖のみに限定すること、そして男性には出産とはまったく無縁な起源を設定すること（あるいは、**男性は男性だけで**後に生まれた自主的存在 autocthons と捉えること）、そういう実に奇妙な分割法にメスを入れた。今や人々は、女性、出産、母性、そして生命を一方の側に置き、他方に宇宙から直接誕生したものとして男性を置くという状況にまでなっている——ただし、男性がそのようにして誕生したという事実を男性自身が認めての話だが…。いずれにしても、そこでは「発生に関わる関心事」のすべてが一方の側〔＝女性〕にあり、他方の側〔＝男性〕はそうした関心事のすべて——生殖、教育、ケアなど——から自由であるということになっている。

これはダナ・ハラウェイ〔一九四四〜、アメリカの哲学者、フェミニズム研究者〕から学んだことだが、テレストリアルは自分の両親に関連する話、**特に自分の父親に関連する話をしたがらず**、それ以外の物語を語りたがるという。テレストリアルは自分たちのつながりについて、家系図とはまったく異なる系統図を描こうとする。ここで私たちは「発生」を「同一物の再生産」と混同すべきでない。「同一物の再生産」は、私たちの発生能力を二つのジェンダーのうちの一方だけに還元する——女性を生殖に押し込め、そこから男性を**省く**といった具合に。ただ、省かれた男性はどこへ向かうというのか…。これに対し、「発生」においては実に様々なことが起きる。ハラウェイが宣言するように、課題は「**赤ん坊を作るのではなく同族 kin を作る**」という点にあるのだ。自分たちのことを、ケアが必要で、先行者と継承者との間に生まれた存在だと見なす者たち（すなわちテレストリアル）と、コウノトリに連れてこられた、あるいはキャベツに入ってやって来た存在だと夢想する者たち（彼らは自分たちを、宇宙の大腿部から作られ、完全な状態で現れたと考える…そしてひたすらそこに回帰したいと願う）との区別は、明確にしておく必要がある。後者は、ほんの少し前まで自らを「人間 humans」と呼ぶ特権を保持してきた人々だ。その彼らが今、それゆえに大きな衝撃を受け、行き先さえわからなくなっている。なにしろ、ガイアと女性は無関係ではなかったのだから！

5 連続して雪崩のように起きる、発生に関わる困難

ものごとは次のように推移している。新型コロナウイルスがもたらしたロックダウンが一つのモデルとなって、私たちは、軽い婉曲話法で、「環境危機」という名の全般的なロックダウンに徐々に馴染むようになってきた。それは単なる危機 crisis ではなく、大激変 mutation である。そう、あなたもよく認識しているはずだ。今やあなたは以前と同じ身体 body を持っているわけではない。あなたの両親の世界と同じ世界を動きまわっているわけではない。差し当たって、今私たちに起きていることは、あのグレゴールに起きたことと同じである。私たちは究極のシャットダウン（最終幕）を前に恐れ慄いている。カフカの小説『変身 *Metamorphosis*』（ドイツ語原題『*Die Verwandlung*』）という表題が仄めかす奇妙な前兆について、私が感じる以上の何かをあなたが感じているといいたいわけではない――ともかく今はまだそうではない。昔ながらの生き方（近代人の生き方）がもうできないのはたしかに残酷だ。最も奇妙なのは、この苦しみ、生きとし生けるものの苦しみを、すべての存在がすべて

のレベルで共有していることだ。それは、かつての普遍性、それほど遠くはない時代に「人類 human beings」という表現に関わるものとして使われた普遍性とはまったく別の、**新たな種類の普遍性**が導入されたことを意味する。それはまた、「発生に関わる困難」が雪崩のように押し寄せてくるのを目撃するかのようでもある。結局、そうした状況が私たちを暗黙のうちに統合させるのである。

私が最初にそうした心配事を発見したのは、複数の政治的立場が現れる場所においてだった。若者が自分たちの運動を「絶滅への反抗」と呼ぶとき、あなたは容易にそれを、世代間のフローオン効果〔他の出来事を起因として起こる出来事〕に対する苦悩の兆しとして受けとめることだろう。頭脳明晰な科学者でなければ、それを受けとめることができないというわけではない（しかも若者にとってそれは人類の運命だけの話ではない）。あなたはまた容易に、ウイルスの蔓延の中に、デボラ・ダノフスキ〔現代ブラジルの哲学者〕やエドゥアルド・ヴィヴェイロス・デ・カストロ〔現代ブラジルの人類学者〕が洞察力を駆使して診断した「世界の終わり end of the world」の主題、瓦解や崩壊という主題を見出すだろう。天才でなければそれを見出すことができないというわけではない。あなたには、人々がこういっているように感じられるはずだ――「この境界の向こう側にはもう何もない。**未来すらない**」。

私は「政治的勢力分布」のもう一方の側にも似通った心配事を認めるのだが、それは不適当だろうか。女性の復権を前にしたときに、人々が陥るパニックのことだ。このパニックは「ジェンダー理論」を「家族」に対する耐えがたい攻撃と捉えるまでになっている――「家族」は常に、人々に「堕胎反対運動」やセクシュアリティその他の問題を、かなり耳障りなやり方で取り上げるよう要求してきた。

「発生に関わる関心事 engendering concerns」について、私たちはどうすればより直接的な議論ができるようになるのか。極右の人々が取りつかれている「グレート・リプレイスメント」[10]（リプレイスメント理論）は恐怖をもたらす。それについて私たちにいえることは何か。「グレート・リプレイスメント」は他の人種に対する嫌悪の表明であって、人間以外の存在が絶滅に直面したときに人々が表明する怒りと同じではない——もちろんそうだ。しかし、どちらも恐怖としては同じではないか。立場の分断がかつてないレベルだと感じたその瞬間に、結局人々は同じ苦悩によって統合されるのではないか。もしそうだとすれば、広範囲に及ぶいわゆる絶滅の兆しはすべての政治的課題の上に重くのしかかってくる。それは系統の原則が突如として粉砕されたかのようだ。カフカがこの状況を見てもたぶん驚かないだろう。実際のところ、「政治的家族」はどれも**家族的問題**を抱えているからだ。

大激変は私たちに、「政治がもはやかつてと同じ政治感情を呼び起こすことはない」という事実を突きつけている。しかも、ロックダウンの期間中、私たちはビジネスを「それまで通り」に動かすこと、急いで元に戻すことに特に執着したわけではなかった。事実はまったく逆で、「進歩の行程」をそのまま「再開」してよいものかと、迷う気持のほうが遥かに勝っていた。私たちの多くが、迅速な「再生 recovery」を目指すよりも、すべての生き物 life の「発生に関わるリスク」を考えるようにな

10 グレート・リプレイスメントとは、現代フランスの作家のルノー・カミュが提起した、白人至上主義的、極右的な陰謀論の一種。直訳すると「大代替」「大置換」といった意味になる。

った。近隣住民の間で俄かに開始された議論の中身は、「私と私が依存する存在にとって、居住し続けることが可能な地球とはどのようなものか」というものだった。そうでもなければ、大地 soil、土地、ローカル〔局地〕への新たな関心（ガーデニングに魅力を感じたり、パーマカルチャー〔持続型農業〕という未知の領域に熱情を傾けたりすることも、当然そこに含まれる）をどうやって説明しうるというのか。大地 soil、土地、ローカルといえば、何といっても一〇年前の私にさえ「反動的」なものと見えていたテーマなのだ。もし現在の私が、右派と左派という対立軸の中にそれらを簡単に位置づけられないとすれば、それは誰もが、千の異なる兆候を伴う同じ一つの心配事に、千の異なる方法を使って効果的に「反応」しようとしているからだろう。実際、**再生** recovery についての課題が公共生活の中心を占め、様々な視点から盛んに議論がなされている。それは多くの世代の、きわめて存在論的な再生に関わるものであり、しかもそこでの世代は人間子孫だけでなく、昆虫、魚類、気候、モンスーン、言語、国家を含んでいる。それを要約すれば、「地球への復帰の形」ということになる。このことを私たちは認める必要がある。今や最終的な着地のときが訪れたのである。ただし、私たちが着地する地球は、かつて離陸を試みた地球と同じではない。

「国際（国家間）秩序」が破綻したことで、生存条件の再生可能性への疑念はいよいよ苦痛を伴うものになってきた。それはあたかも、私たちの国家の歴史の限界 limits を見極める作業が難しくなったことが、同時に、私たちの系統史の行く末 flow-on を見極める作業をも困難にさせたかのようである。もしそこに「昔ながらの」惑星地球という領域があって、その領域が今日の地球を構成する現存在者の必要条件、影響力、雑多な集まり、そしてその関係性をまったく反映していないならば、まさしくその領域は、私たちが過去から受け継いだ主権を定義する領域だ。要するにこういうことだ。ピエール・シャルボニエ〔現代フランスの哲学者〕が明確に説くように、国境によって隔てられた昔ながらの国家は、どれも定義として、自らの存在を承認する周囲に対して**虚偽**を貫き通さねばならない。その国家がもし裕福な「先進国」であるなら、泰平状態にある他の領土に迫り寄って自らを拡張していくことになる。しかも、その領土に対し、いかなる責任も負わずに拡張していくことになる。これが本質的な偽善となって、私たちを「先進国」の**市民**と捉えたときの「**私たちが住む live in 世界**」と、私たちを「先進国」の**消費者**と捉えたときの「**私たちが寄食する live off 世界**」との間に、大きな断絶を作り出す。それはまるで、すべての富裕国の中に影の国家が統合されたようなものだ。影の国家は、**ドッペルゲンガー**[11] Doppelgänger のように何度も出現し、富裕国に物資を供給する一方で、富裕国の餌食になるのである。

もし国家が国境に制限されてしまえば、国家は生き抜くことができないだろう。したがって私たちの心配事は、「生き抜くためにはどうすればよいか」となる。領土という居心地の悪い突出部は、私たちが裕福であればあるほど必然的に、息が詰まるような心配事に感じられる。特にその突出部から

11 ドッペルゲンガーとは、自分自身の姿を自分で見る幻覚の一種で、「自己像幻視」「自己二重身」とも呼ばれる現象。自分とそっくりの姿をした分身。第二の自我、生霊の類。

の恩恵を最も長く享受してきた世代、誰もが知る、実に厄介な**ベビーブーマー**〔第二次世界大戦のベビーブームに生まれた世代〕であればなおさらそうだろう。息が詰まるようなこの感覚は気候変動が増悪するにつれてどんどん強まる。同胞市民の多くが共有するこの恐怖は、遠い昔の祖国〔故郷〕への回帰〔過去への郷愁〕という夢想を彼らに抱かせる。しかし、その祖国は彼らを復活させる力とは無縁で、彼らのこれまでの航行先だったグローバル世界の復活力の無さ以上に無縁なものなのだ。恐怖ゆえにナショナリズムの誘惑があちこちで広がるが、それは「国家」という甘美な言葉が人々を**生まれ変わらせる**のに何の助けにもならなくなった瞬間に起きたのである。それがルネサンス〔復活〕を取り巻くすべてだ。たしかに復活は望ましい！　しかし、**誰と共に**、**どこで**復活しようというのか。

　国民国家の市民にとって――特に裕福で権力を持った市民にとってはなおのこと――、そうした疑問に答えるのは不可能だろう。私たちは強くそう感じているのではないか。もしそうなら、それはまさに**国境**borderという考え方のせいなのだ。これまで、国民国家は国境というシェルターによって国民を保護する存在と考えられてきたが、実際にはまったく逆で、国境自体が国民の保護を妨げている。このことは、私がデイヴィッド・ウェスターン〔現代イギリスの情報工学研究者〕と何度か訪れたケニアの特別保護区の事例を知ればわかる――そこは、ある億万長者が「野生生物」を飼っている場所で、動物が逃げ出さないよう高いフェンスで囲ってある。ところが数年経って行ってみると、保護区は荒れ地へと変貌しており、数頭の痩せこけた乳牛が草を食むだけになっていた。乳牛は動作が緩慢で力がなく、針金フェンスを乗り越えようとする仕草さえ見せない。こうした様子はまさに現存するすべての生き物 beings live に共通する姿であり、それこそどこへ行っても観察できる。それは新たな普遍性ともいえるものだが、同時にひどく不快な普遍性でもある。すなわち**境界 limit という概念が持つ限界** limits によって私たちのすべてが影響を受けている。**地球（大地）のノモス**[12] nomos of the earth の在り処を定めることがきわめて難しい状況になっているのだ。しかしそこでは、ガイア Gaia の侵入による影響が、「自然 Nature」への関心の高まりとして現れているのみでなく、私たちを保護する包囲膜をめぐる全般的な不確実性への不安としても現れている。もしロックダウンが悪いニュースなら、良いニュースとは、それによって国境 border という概念に疑問が投げかけられたことだ。こうして私たちは、一方で「どんな境界をも乗り超えて逃走する」という奇妙な考え方を失う代わりに、他方で「一つの縺れた丸い塊《かたまり》から別の丸い塊へと移動する」という自由を獲得する。ロックダウンによって自由を挫かれることで、私たちは最終的に無限から自由になる。

だとすれば、**アイデンティティ**という切り口で考えることはやめにして、これからは**重なり合い overlapping** とか**相互浸透** encroachment といった切り口を通して考えることだ。私たちは、生き物 living things の行動学 ethology のほうへ少しずつ降りていかねばならない。生態学者たちは、**自らを自らで**養うものに**自家栄養生物** autotrophs という名をつけた。自家栄養生物は、自身が生きるのに必要なもののすべてを自分で取り出す。そのすべてを太陽光から抽出する。それは諺にもあるように、

12　ノモスとはギリシャ古語で、法律、礼法、習慣、掟、伝統文化といった社会規範を指す。本書一八四頁も参照。

「愛と新鮮な空気を糧に生きる」恋人同士のやり方を踏襲したかのようだ（ただし、実際の恋人同士に適用されるものではない）。細菌（バクテリア）や植物は自家栄養生物に含めてよいだろう。もちろんガイアもだ。法則に厳密に沿っていえば、自家栄養生物だけが自立しており autonomous、自主的であり autochthonous、境界 border によって明確に区切られている。アイデンティティを持つのは彼らだけだ。自家栄養生物自身が関心を示す可能性はまずないにしても、彼らは**所有権の専有** exclusive right of ownership から当然、利益を得られる状態にある。なぜなら彼らには、自らの仕事を首尾よくこなすにあたり、他のテレストリアル〔地上的存在〕に依存することがまったくないからだ。それ以外の残りすべての生き物、すなわち**従属栄養生物** heterotrophs（日常的レベルにおいて動物や人間とやりとりをする生き物たち〔栄養として有機物を必要とする生き物たち〕）は、自らの生存のために実体なき幻の身体――ときとしてそれは国家のように途方もない大きさを持つ――にも依存しなければならない。したがって、従属栄養生物には何の権利もないことは明らかだ。とにかく彼らは、所有の排他的特権を意味する**自然権** natural right を持たない。偽善者や嘘つきでもない限り、自分たちを養ってくれるテレストリアルの存在を否定することなど従属栄養生物にはできないはずだ。だからこそその否定は、私たちすべてに重大な倫理的ジレンマを引き起こす。つまり私たちの不運は、狭い場所に閉じ込められているのに「我が家」を持たないことだ――言葉の本来の意味でそういっている。その上、私たちをアイデンティティの罠から逃れさせてくれるのもまた、この不運なのである。私たちは閉じ込められているおかげで、最終的には呼吸できるようになるのだ。

ただ自家栄養生物と従属栄養生物の間には完全な境界があるわけではない。細菌や植物は自身の新陳代謝を通して老廃物を不可避的に発生させるからだ。地球の古代史が提供するこの点での代表例は、完璧な自家栄養生物であるシアノバクテリア[13]が二五億年前に大気を汚染した事件だろう。シアノバクテリアは、その先祖であるいわゆる「嫌気性細菌」〔空気のない無酸素条件下で生育する細菌〕にとっては非常に有害な酸素を排出し始めたのだが、その結果、嫌気性細菌は生き残りをかけて深海に避難しなければならなくなった。つまり、自家栄養生物による行為も他のテレストリアルに決定的な影響を与えることがあり、他のテレストリアルたちはその行為の予期せぬ結果に対しても、何とか折り合いをつけていかねばならないのである。エマニュエル・コキア〔一九七六〜、イタリア出身、フランスの哲学者〕は、「より高等な」動物——人類を含む——について、「植物の排泄物で呼吸する存在」と定義することさえ憚らない。彼によれば、それこそがより正確なテレストリアルの定義だからである。すなわち、テレストリアルとは**上流から**彼らに排泄物を提供する先行者に依存する存在である一方で、彼らの**下流に**いる、彼らが排泄したものに依存する後続者を持つ存在でもあるということだ。地球はこうした連結によって構成されているのである。

そのような場でこそ、政治感情の再生は加速するものだ。それが真の意味での「変身 metamorphosis」である。古い型の「人間」が、所有権の専有特権を持つ「個体」として他者に自己

13　シアノバクテリアとは、藍藻《らんそう》(blue-green algae)ともいう、酸素発生を伴う光合成を行う細菌の一群のこと。

提示をするとき、彼らは私たちテレストリアルから見て、いよいよ奇妙さが際立った存在と化す。「個体」を主張する権利は、**残余物をまったく出さない完全な自家栄養生物**のみに与えられるものだろう。ガイアはまさにそれに当てはまる。定義からして、ガイアはその囲い地 enclosures の中に、そのニッチ〔生息上の適所〕の中に自身を包含するからだ〔同じ論理に従えば、もしガイアがそれに関係していればだが、所有権 proprietary right を主張することも、あるいは、主権のまったく新たな形態――空間の監視――を主張することもできるだろう〕。とにかく、もしそこに一つの種族がいたとしても、その種族は、いかなる状況下であれ関係性の中であれ、「自分たちは安定的な境界の中にいる針金人形のような個人から構成される」と宣言することなど決してできない。それがまさにあなたたちだ。つまり近代人、つい先だってまでそこに帰属すると誇らしげに宣言していた種族である。これこそ、小説中のグレゴールが昆虫へと「変身」したという描写が、針金人形さながらの、他の登場人物たちの大雑把な描写に比べ、きわめて**真実味**を帯びる理由である。

今回のロックダウンが白日の下に晒したのは、普遍性の危機、すなわち「人間」の相互関係性を育むとされる法的道具、科学的道具のすべてが、実際には誰も居住したことのない世界に対して適用されてきたという事実である。私たちには近代人がそこで体験した恐怖が手に取るようにわかる。それは、今突如として地球と共に暮らしていることに気づいた小説中の人物たちが描く、彼ら自身の物語ともいえるものだが、問題はその設定である。その物語ではすべての登場人物が、互いの術策の中、互いの泥の中、互いの懐の中で永遠に絡み合い、協調にも競争にも還元されることなく、まさに上下重なり合った状態で存在している。その通り、それこそがグレゴール的状況なのだ。周りから出る排泄物はもとより、自身の脚や触角にさえ邪魔されて、うまく動けないのである。

「**個人**」（**個体**）の境界が、その合わせ目の至るところで破裂している。誰もがそのことをよく理解している。それにしてもなぜ私は、まったく遅まきにも第二次世界大戦後の北アメリカの中に、そしてアイン・ランド[14]という名の変人がいい加減に書き下ろした悪名高き小説の中に、「地上のどこにも存在しない」姿形、その最も完璧な姿形を見出すことができたのだろうか。今その理由がよくわかる。ランドの小説の中で、彼女が賞賛する企業家たちは、アトラス[15]のように世界の重みに半ば押しつぶされながらも、「税金を過剰に払って」世界を支えている。ところが結局は重荷を放り出す決断をし、謎めいた渓谷に逃避することになる。その渓谷こそ、彼らが想像上の世界から逃亡できるようにと考え出した第二の想像世界である（逃避もまた想像上の世界であることに変わりはないのだが）。『肩をすくめるアトラス[16]（六九頁）*Atlas Shrugged*』（一九五七）——これがこのふざけた小説の表題である。「オフショア」ランド〔域外の土地〕で書かれたようなこうしたフィクションに満ちた世界でこそ、「誰にも何の借りも作らない」という意味での「高位の個人」と判断されたその英雄が、他者に襲いかかる決断を

14　一九〇五〜一九八二。ロシア系アメリカ人の小説家、思想家、劇作家、映画脚本家。暴力・盗み・詐欺からの保護、契約の履行の強制だけを職務とする最小国家主義、および自由放任資本主義を、個人の権利を守る唯一の社会制度と信じて支持した。

15　ギリシャ神話。ティタン神族の一人で、ゼウスとの戦いに敗れ、罰として生涯天空を支えることになった巨人。

下すのである。すでにどん底にいる貧しい不幸な人々を飢えさせ、彼らの穏健な自発性さえも奪う決断を下すのだ！　それは、イーロン・マスク〔一九七一～、カナダ、アメリカの企業家。テスラのＣＥＯ〕による火星への旅行計画が、結果的に地上に遺棄された九〇億の地球人 earthlings を悲嘆の涙に暮れさせるのと同じ状況である…ああ、**残された哀れな虫たちよ**。もちろんこの地球ではそうした小説上の人物に出会うことはないにしろ、実世界では個人は文字通り、常に一度限りの上演の舞台に立つ**コギト** cogito〔デカルトによる「我思う、ゆえに我あり Cogito ergo sum」という命題の我。自己意識のある存在〕であり、それはデカルト〔一五九六～一六五〇、フランスの哲学者、数学者、自然科学者〕以来私たちが理解してきた通りの世界である。だからこそ、その個人は毎回かくかくしかじかと自己紹介をし、自分の財産に対して排他的所有権を主張するのである。それを見て私たちは思わず失笑するわけだ。

最も奇妙に映るのは、政治的個人に当てはまることが生物学的個人（個体）にも当てはまることだ。たとえ国家が、廃棄物の「管理」と同じくらい資源の「管理」に相当な困難を抱えているとしても――国家がそういったとしても――、それは国家特有の困難ではない。生物学者もまた、彼らが「生き物 living organisms」と呼ぶ存在に対して同様の困難を抱えている。その生き物が完全な形を持つ動物なのか、細胞ないし遺伝子なのかは関係ない。そこでは**カスケード**〔**連結**〕cascade **現象**〔生物進化においてすべてが連結しているという現象。後述のホロビオンツ holobionts を含む〕が次々と起こり、最終的に自然科学全体にまで及ぶ。こうして私たちは、現存する存在を個として区別しておくことがいかに困難かを自覚する。

私はスコット・ギルバート〔一九四九〜、アメリカの進化生物学者、生物史家〕やシャーロット・ブリーベ〔現代フランスの科学技術社会論（STS）研究者、医療人類学者〕から次のことを学んだ。逆説的だが、もし生物 organisms がネオダーウィン主義[17]のいう制約に従って行動するなら、つまりもし生物が利己的遺伝子[18] selfish genes から構成される存在で、その集団が生殖に伴う利害を小数点レベルまで正確に計算することができたなら、生物は生き延びられなかったはずだということである。その理由は第一に、そもそも生物はニッチに依存しており、そのニッチが生物に有利な生存条件をほぼ保証しているからだ。また生物は、その発達のそれぞれの段階で、他のエージェントから予測もできない助力を得ているからだ。もし乳牛の腸の発達が無数の細菌による同時選択に依存しているなら、乳牛の自然選択は乳牛のDNAの一部とはいえないだろう。人間の細胞の数と比較して微生物のそれは遥かに桁が

16 （六七頁） 国内の規制強化によって重要産業が国外に流出したために崩壊するディストピア的アメリカを描いた小説。傑出した能力で世界を支える諸個人を、天空を支える神アトラスになぞらえている（Ayn Rand, *Atlas Shrugged*, New York, Random House, 1957）。

17 ネオダーウィン主義とは、ダーウィンの主張を受け継ぎ、生物の偶発的な遺伝的変異に自然選択が作用して進化が起こるとする学説。現代主流の進化理論である総合進化説（生殖隔離による種《しゅ》分化やDNAに生じる突然変異および分子進化の中立説などを取り込んでいる）はネオダーウィン主義を維持している。

18 利己的遺伝子とはリチャード・ドーキンス（一九四一〜、イギリスの進化生物学者、動物行動学者）の造語だが、「自然選択や生物進化は個体ではなく遺伝子レベルで起きている」「生物は『遺伝子の乗り物』にすぎず、自己利益を追求するのは遺伝子である」とする主張を表現するために用いられた。

大きいが、その微生物が「人間」の身体 body の維持に必須だとするなら、そうした身体とは一体何なのか。身体の厳密な境界というものは甚だ不明瞭である。これについてリン・マーギュリスは、生物という狭隘な考え方を捨てて、生物を「**ホロビオンツ** holobionts」という名で呼ぶことを提案した。ホロビオンツとは、ぼやけた輪郭を持つ雲のような形態のアクター集団のことで、彼女によれば、その形態こそが、いくらか耐久性を備えた包囲膜の維持を可能にしている。もちろんそれも、内部にあるものの維持に貢献する外部の助力があってのことだ。

ロックダウンがこれほど苦痛に満ち、悲劇的な関心を呼び起こすのは、すべてのレベル、すべての存在に対して、発生に関わる問題を提起しているからだ。それが境界という概念の不安定性を増長するのである。あなたたちの誰もがこう悟ったことだろう。ロックダウンの終わりはいずれやって来るにしても、コロナ・パンデミックは私たちがそこから決して抜け出せない新たな状況を予示するものにほかならないと。したがって、そこに否定的普遍性 negative universality というきわめて逆説的な形態（私たちは永久に脱出法を見出すことはない）が発生したことは、同時に、肯定的な側面を持つ。「自分たちは皆、同じ船に乗り合わせている」——テレストリアルがそう認識したのである。私たちは一方で囚われの身であると感じ、他方で自由になったと感じる。一方で窒息しそうだと感じ、他方でうまく呼吸ができるようになったと感じる。「グローバルな自覚」という表現（これまでかなり空虚なものだった表現）が意味を持ち始めたのではないか——あなたがそのように不思議がるのも当然である。あたかも、遠くから一つのスローガンがこだまするように、期待もしなかったスローガンが日々、かなりはっきりと聞こえてくるようになった。その声はひたすらこう告げている。「世界中のロックダウンされた人々よ、一体化せよ。あなたがたは同じ敵を持つ。その敵とは、もう一つの惑星に脱出したいと望んでいる人々のことだ」。

6 「ここ、この下界」で——ただし、そこに上部世界が存在しないとすればの話だが

今述べた「グローバルな自覚」を政治に再導入してはどうだろうか。そうした提案を共有しようと誰かに話しかけようものなら、ただそれだけで相手の空気を奪っているのではないかと気に病んでしまう——あたかも、新型コロナウイルスに感染した重篤な患者から人工呼吸器を奪うような感覚だ。これが今の私を一番悩ませている。近代の感情すべてが動員され、私たちに「大脱出」を呼びかける——「ここから出て自由になり、深呼吸をしよう」。大激変 mutation のせいで、私たちは窒息しかけている自分を発見するが、それもしばらくすると、また呼吸が楽になったような気にもなってくるのだ。

信心深い人々〔=近代人〕にとって事態は一段と厳しいものになっている。特に信仰について話をしようとすると、彼らはどうしてよいかわからなくなる。つまり、こういうことだ。一方で彼らは、**どこか別の場所**に行く前の準備として、**しばらく**浮世に住むことを受け入れただけだと思っている。

ところが他方で彼らは、このロックダウンは最終的なものだという感覚、**どこか別の場所**──荘厳な比喩を使えば「天国」のことだが──に行くなど端から不可能だったのではないかという感覚に襲われ、ついには「ここ、この下界」に威厳を与えることで、この下界もまた最終的な場所だと捉えるようになる。しかも、これこそが自分たちの希望すべてを破棄しなければならない事態だと感じている一方で、こうした事態そのものが、最後には自分たちの希望を現実に換える決定的な条件になるとも捉えているのだ。実際、もし彼らがこの世界から脱出しなければならないとするなら、神が創造した人間における神の顕現 incarnation に一体何の意味が与えられるというのか。

信仰者のすべてがよく知るように、「上」は単に**高度** altitude を意味していたわけではない──高度とは、今日私たちが等方性を持つ空間（有名な平行座標を使って定義される空間）を通じて、レーザー光の動きとともに測定することのできるあの高度だ。かつて希望と期待を胸に「天国」に視線を向けていた信仰者たちは、キロメートル単位で距離を測っていたわけではなく、**価値**で距離を測っていたのである。金箔のマンドルラ[19] mandorla が描く、ビザンチン芸術におけるイコン（聖像）の上部分はたしかに「高所」を表すが、それは暗色で描かれた「ここ、この下界」の貧相な罪人との対照を十分に表現するためだった。その通り。そうした際立った対照の一方（天国）は、後世の人々が自ら

19　中世キリスト教美術において、復活したイエス・キリストを囲む光のような、二つの円が交わった中心にできたアーモンド型の大光輪。

を近代人と見なすようになったときの「天国の変形版」、すなわち「**空**《そら》 sky」と一致する。しかしながら結局、その特殊な空 sky——天国——にあるものが私たちに、「この場〔地上〕を立ち去り、天空 the air に向けて永久飛翔すべきだ」と諭すことはない〔地球人 earthling の大いなる落胆を尻目に、企業家イーロン・マスクを火星へ向かわせようというロケットがそうはならないのとまったく同じである…〕。息子イエスによって拾い集められた聖母マリアの魂がイコンの上部に置かれたとき、マリアの魂は空間 space を通じて不格好に昇天したのではない。そうではなく、マリアの魂は**天国に**向かうにあたって変形させられたのである。

　こうしたことを除けば、古い時代から現在に至るまで、ものごとはより複雑化してきたといえる。それも、複雑化の仕方は一つではなかった。一七世紀以来、宇宙に寄せて想像された宇宙旅行の形態が地上に少しずつ取り入れられたことは、古くから「**ここ、この下界**」と呼ばれてきた世界を理解不能なものにする効果を持った。「ここ、この下界」とは、古代の**自然**、**ピュシス**[20] phusis に結びついた、テレストリアル〔地上的存在〕の古代的、原初的、先祖伝来的な形態を指す。ピュシスは、幽閉状態、悲惨さ、限界の体験、疾病といった強力な感覚と、「嘆きの対象たる死」および「ケアが必要な生」から出来ている。それが平穏、報い、救済という、向こう側にある天国への旅発ちを正当化した。天国 the high と下界 the low との対照が意味を持ちえたのである。

　ところが、一七世紀以降になると、下界は「物質 matter」へと変貌させられた。いうまでもなく、「物質 matter」に物質的 material なところは何一つない。「物質 matter」においてはその原則に従い、

「発生に関わる関心事 engendering concerns」がすべて取り除かれているからだ。それこそ、この世界の物体の振る舞いを定義するものとして導入された「**延長を持つ実体** res extensa」という考え方[21]の奇妙な点である。「延長を持つ実体」の対立概念として設けられた「思惟する実体 res cogitans」という考え方はさらに奇妙である〔本書一三三〜一三五頁参照〕。「延長を持つ実体」を至るところに引き延ばすあらゆる試みがなされてきたにもかかわらず、人間の実体験にことごとく反するそうした二分法を生きた者など一人もいないことは明らかだからだ。ところが「延長を持つ実体」というこうした考え方が、何の努力もなしにどこへでも行けるという印象を与えたため、「物質 matter」という抽象的概念は逆に天国 Heaven の位置決めを不可能にしてしまった。貧相な罪人たち〔＝信仰篤き人々〕にとって天国が依然、希望を向ける場所であったにもかかわらず、そうなった。私たちはそれでもひたすら

---

20 ピュシスとは、初期ギリシャの哲学者が思索した自然をいう。生命の源とされ、万物はそこから生まれ、そこへ没するとされた。ピュオマイ phyomai（生まれる）を原義とし、「誕生」（ありのままの姿）や「生長」「生成」、その結果として事物に備わった「本性」「性質」、そこから作り出される「秩序」や「力」など、幅広い意味を持つ。

21 ケプラー（一五七一〜一六三〇、ドイツの天文学者）、デカルト、ニュートン（一六四二〜一七二七、イギリスの物理天文学者）らが発展させた世界の見方。すなわち世界を、どこまで行っても同質な無限空間と捉え、だから世界は「常に延長可能」だとした。それは「どこからでもない視点」の考え方に内実を与えることを意味した。物体の「第一次的性質」（延長と運動）だけに焦点を当てることで天体を無数のビリヤードボールのように扱うことが可能になる一方で、物体の「第二次的性質」（色、匂い、手触りにとどまらず、ここでいうところの「発生に関わる関心事」に至るまで）はすべて脇に捨て置かれることになった。

天 heavens を見上げたが、その天はからっぽの空 sky に変わってしまった。不幸なマリアの聖母被昇天 The Assumption は、もはや、天使が舞う黄金色の大洪水の中で生じる「天国への**価値移転** transfer of value」を通して起きるのではなく、いくつもの**プット** putti〔裸のキューピッド像〕と積乱雲に飾られた「空間 space を通した**翻訳** translation」を媒介にして生ずることになったのだ。ただそうした空間 space が、このまともな設計をされてこなかった「一七世紀の宇宙船」に、永遠に動きまわる力を与えることはやはりなかった。

こうした「ロケット打ち上げ」の失敗が続いたこと、それが信仰者を刺激し、一八世紀以来の「**霊的** spiritual」世界を創造させることになった。信仰者の主張によれば、「霊的」世界は天空 the up above よりもさらに高いところにある。少なくとも**地上の**「物質」世界 **the** material world よりもずっと上にある。彼らは最終的にその場所で、自分の都合に合わせて神聖な姿形を自由に動かすこととなった。**地上の**「物質」世界 **the** material world という薄暗い層の**上に**広がる、この明るい水平層をなす高等な「霊的」世界こそ、「来世 after-life」の物語の続編が展開する場所となったのだ。幽閉状態は明らかに終わった。少なくとも、経帷子《きょうかたびら》に巻かれた死者にとっての最終的な出口に到達したのである。

そうした発明は、教会の神聖なる場所を陳腐なフレスコ画とどろどろとした石膏の彫像で覆うだけで済んでいれば、特に大きな危機に陥ることもなく完了したかもしれない。もしこのとき「物質 material」と「霊的 spiritual」との分割が**世俗化**されなかったなら、そうなっていたはずだ。ところが世俗化は起きた。宗教的熱情そのものが人々に狂気の発作を引き起こさせるのに対して、世俗化した宗教は人々を永遠の狂気に陥れる。そしてそれが実際に起きたことだ。**地上の**「物質」世界 **the** material world から「霊的」世界への逃亡において、司祭が人々を宥めるために抽出したアヘンはいっそう強烈な匂いを放った。しかし、**地上の**「物質」世界 **the** material world から、〔世俗化が生み出した〕見かけ上、**再物質化された** remateiralized「霊的」世界へのこの逃亡において人々が見出したのは、**肯定的**価値以外に何もなかった。そうした価値は、昔の罪人たち〔＝信仰篤き人々〕に火をつけるにはぴったりだった。罪人たちはその後、進歩、未来、自由、裕福に向き合うことになり、また、新たな天国 **Heaven**、すなわち、天 heavens と空 sky とが**合体した**新たな姿形に向き合うことになった。彼らは、実用的、現実的、経験的と見なされる進歩の中で天空と同調した。しかし、こと天国についていうなら、こうした新たな天国の姿形は、一方で、信仰者が長らく維持してきた決定的価値、何か最終的で絶対的なものへとアクセスするための、昔ながらの価値を何とか保持したのである。したがってそれは、「菓子は食べたら無くなるもの（同時に二つのよいことはできない）You can't have your cake and eat it」という諺で知られる状態となった。この新たな天国を形づくる混合物はたしかに不安定だが、しばらくは実に魅力的なものに見えた。それは昔と変わらない天国の探求ではあるが、世俗化した宗教のもとではあくまで「**地上においての** on earth」天国の探求なのである。

　もっとも、ここでいう「地上においての on earth」とは「〔大文字で始まる固有名詞としての〕地球上においての on Earth」、つまり「アースバウンド earthbound〔地上とのつながりが強い存在〕が行うようなやり方で」という意味ではない。それを知って私たちは悲嘆に暮れる。一八世紀以降、私たち〈＝近代人〉は遥か高くに立ち昇った想像世界を地上に降ろそうとして、さらに極端な想像世界へと足を踏み入れることになった。何を隠そう、それこそまさに、ロックダウンの効果を最も悲痛に感じさせてしまう側面なのだ。この効果は、最も寛容で理想主義的な人さえも混乱に陥れてしまう。要するに、もし近代人が、想像上の「来世 next world」の約束でもって大衆 masses を宥める聖職者のやり方を嘲けり続けるなら（来世の約束があれば、大衆は下界の物質世界であえて**行為を積む必要はない**）、テレストリアルとしては、「来世」の代わりに「別世界 other world」の約束でもって大衆を宥めるそうした近代人に対して、こう嘲笑することができる――「まさしくロックダウンのおかげで、あなたがた近代人は、これまで自分たちが大衆を効果的に宥めてきたその方法をようやく理解した。その方法とは、大衆を地球に回帰できなくさせること、大衆を地球に着地できなくさせることだった」。天国に訴えることが人々の行為を抑圧する結果をもたらしたまさにその場所で、今度は地上での天国の実現が不可能だという事態が、「脱出」行為のすべてを最終的に麻痺させることになったのである。唯一そこで維持されたのは、大衆を宥める能力である。しかも、より大量のアヘンを含んだ煙霧へと駆り立てることで大衆を宥めようというのである。

「脱出」がどうしても必要だというなら、一体**何**から「脱出」すればよいのか。私たちの逆説的回答は、つまりロックダウンを経験したアースバウンドとしての回答は、「実際には物質的ではない物質 not-so-material matter」から完全に脱出せよ、というものだ。もっとも、それでどこへ向かうというのか。問うまでもない！ **家に帰るのだ。あなたが元々居た場所に。あなたが一度も離れたことのなかった場所に**向かうのである。最初に、ある一つの誤解が生じた。それが原因となって信仰者は**地上の**「物質」世界 **the** material world の上にある〔と想定される〕「霊的」世界へと迷い込んだ。次に、世俗化した信仰者は逆に、おそらく〔宗教的という性質をそこから取り除けば〕「霊的」世界のあらゆる性質を持つ、〔抽象された〕「物質」世界 **a** material world へと迷い込んだ〔信仰者の誤解は、**宇宙にある物体の運動**と、〔固有名詞としての〕**地球と共にある生き物** living things **の発生**とを混同したことに始まる〕。その〔抽象された〕「物質」世界 **a** material world を構成するとされる有名な「**延長を持つ実体** res extensa」は、「直接」触知できるものではないが、遠く離れた場所にある何かを碁盤目上に位置づけるのに適した道具であることは確かだ。それを使えば、データを**並べ替えて**、平行座標が描く正方形の中にその何かを割り当てることができる。ただし、そのためには「リモートワーク」でそれを操作することが条件となる。そうなると、これまで「不活性な物体 inert things」から作られていると考えられてきた「物質 matter」という耐久性のある概念が、**境界線** limes の向こう側で動作する「物体 things」の遠隔監視と、記述〔刻印〕description の際の手続きとの混合物であるようにも見えてくる。まるでそれは、地図をテリトリー[22]〔八一頁〕と混同しているような状態だ。

他方、こちら側、つまり新たなこの下界、月下 sublunar〔地上〕の領域では、私たちテレストリアルが厳密な意味で、〔抽象的な〕「物質 matter」に遭遇することも「不活性な物体」に遭遇することもない。私たちが唯一、その時その時で行うのは、他の生き物たちがさらに別の生き物たちと共に所有し、育て、維持し、包み込み、付加し、混合させているニッチ、泡 bubble、囲い地 enclosure（大地 soil、空、海洋、大気も含まれる）に介入したり、それらを補強、複雑化したりする行為だ。この意味で私たちが経験する世界は、〔抽象的な意味での〕「物質的 material」ではなく、また「霊的 spiritual」でもない。私たちが経験する世界は、他の存在 bodies **と一体化した形で形成される**。その存在を理解するに際し、私たちは遠隔地から操作する「**図示化された知識** illustrated knowledge」を追加することもできる。しかしあくまでこれを、我が家〔＝地球〕の外側の軌道に一度たりとも入ることなく実行するのである。

私たちがこうした「脱出」の物語を再考するには、たしかに軽業師的な柔軟性が必要だ。脱出を図るには、「外に」出るという考え方から抜け出さねばならない。そして**居残る**のかどうか、さらには**内部に出る** go out inside のかどうかを決める必要がある。もっともそれは、私たちが絶望から抜け出していくらかでもましなものを求めるために、古い「物質」世界〔昔ながらの近代世界〕の狭い領域内に戻るということではない。私たちは永遠の脱走を成功させるために、自ら一時的に独房に戻ることを決めた囚人のようなものだ。クリティカルゾーン〔本書注8参照〕を行き来する方法を学ぶとは、過去の下界、あるいは近代人が最大限利用したいと考えていた**地上の**「物質」世界 **the** material world に向けて（ただし近代人は結局、どこか別の場所〔霊的世界〕に脱出するためにこの**地上の**「物質」世界 **the** material world から抜け出そうとしたわけだが）、後ろ向きに進む、あるいは前向きに進むということではない。私たちはどこに抜け出すこともできないのだ。しかし同じ場所で異なる仕方で居住することはできる。それがアナ・チン〔一九五二～、アメリカの人類学者〕の表現にある「頼りになる軽業のすべて」の意味である。その軽業を身につけるには、同じ場所に、**これまでとは異なる新たな方法で、どのように自分たちを位置づけられるか**が鍵となる。それこそがロックダウンの経験がもたらしたものといえるのではないか。実際、すべての人々が、**自宅で**、これまでとは**異なる暮らし方**を始めたのだ。

こうした軽業は、テレストリアルの経験がもたらすものでもある。あなたが空 sky を見上げたとき、あなたはそこにあなたの祖先が見た神の指令所 headquarter を見出すわけではない。下界で味わう惨めな生への慰めを見出すわけでも、ましてや単なる高度 altitude、自分が近代人だと信じていたときにあなたが計測した、距離をキロメートル単位で測るあの高度を見出すわけでもない。実際にあなたがそこに見出さざるをえないのは、何十億というエージェンシーが何千もの雑多な活動を通して常にその場に維持している**天蓋**《てんがい》――囲い地 enclosure を覆う天蓋――である。もはやあなたにとって大気の境界は、定規で計測可能な、木製の梁《はり》のような境界ではないのだ。もし大気の境界が木製の梁でできているのなら、それをいくつもつなげていけば、また定規も複数足し合わせていけば**無限に**延長

22 〔七九頁〕 テリトリーとは「分化していない容れ物としての空間」とは異なる、「分化した内容物として思い描かれる場所」のこと。ブルーノ・ラトゥール『ガイアに向き合う――新気候体制を生きるための八つのレクチャー』〔川村久美子訳、新評論、二〇二三〕の第七、第八レクチャーを参照されたい。

extendが可能だろうが、そうはならない。実際の大気の境界は、**行為の幽閉状態** confines of an actionにも似る。それはシロアリの眼で見たときの、あのシロアリ塚の外部的表面と**同類の境界**である〔本書第1章参照〕。そしてこのシロアリ塚の境界も、決して定規を使って拡張extendできるものではない。シロアリの一群が何度も補充され、作業を継続するという条件が揃って初めて拡張が可能になるものなのだ。テレストリアルの上を覆う空skyは、過去の「延長した物体extended thing」の一部を成す空skyと同じではない。それはその場に能動的に維持される**薄膜** membraneであり、内部と外部を同時に生み出すことのできるものだ。そこでの**有限性** finitenessの意味はシロアリ塚の場合と同じであり、木製の梁の場合とはまったく違うのである。

悲しいかな、さあこれでここでの議論は、私たち幽閉された者にとって馴染み深いものになってきた。なにしろ私たちは日々、今議論してきた通りの時代を生きているのだから。「気候データを採り始めて以来、ここ一〇年間に観測された世界平均気温が最も高い」——昨日も聞かされたが、毎回こう聞かされるたびに、ここでの議論が馴染み深いものになっていく。そしてそうした場面でこそテレストリアルの苦悩は最大となる。私たちはガリレオ〔ガリレオ・ガリレイ。一五六四〜一六四二、イタリアの物理天文学者〕の時代以来、「月を超えるsupra-lunar」〔地上の外の〕領域と「月より下のinfra-lunar」〔地上の〕領域との区別から「解放された」と思ってきたが、それが今、その区別へと確実に逆戻りしたのである。私たちは調整された大気の泡bubbleの中を生きているが、その大気は私たちの行為によって変化する。そのことを私たちは理解した。これが本当の意味での幽閉状態である。私たちは深く考えることなくして、この幽閉状態を集団的に選択したのである。

度重なる干ばつ被害を受け、私たちは叫び声を上げる──「一体どうしたものか。この状況からどう脱すればよいのか」。答えは、「**私たちがそこを脱することはない**」である。その状況を脱するとすれば、それは私たちが天空を支える神アトラスのように、「気温」「大気」「増殖する片利共生状態 commensals〔共生の相手から一方的に利益を得ること〕」の重荷を自ら背負うと決めた場合のみに限られる。かつて、私たちにとって「気温」「大気」「増殖する片利共生状態」はたしかに単なる「環境」でしかなかったし、環境のケアは不要で、木製の梁をただ「その中に」置く要領で「自分をその中に位置づけ」ればそれで済んだ。ところが今はそれができなくなっている。それこそが昆虫になること、変身 metamorphosis であり、私たちにとっての新たな自由でもある。私たちはロックダウンのおかげで、それ以前に享受していた昔ながらの自由から解放された。もはや無限の外部など存在しないこと、今後は空を見上げるたびにやらねばならない火急の仕事が山のようにあること、にもかかわらずそれを**明日へと延期し続けていること**（今日、壮観な月の光景があなたを慰めるのはそうした理由からだ）、あなたはそれを十分理解している。あなたがた同類たちよ、皆立ち止まれ。邪悪なランド女史の小説『肩をすくめるアトラス』〔本書六七頁参照〕がでっち上げた企業家は重荷を放り出すことを決めた。その重荷をあなたは今、背負って運ばねばならない──ただそれに潰されないようにすることだ。もはやあなたは、そのことも十分理解しているだろう。

「信じる believe」ことが信仰者を信仰者にするとはいえ　今や信仰者にとって「信じる」ことは重要

ではない。この世界にあるものは皆、近代的意味での〔つまり抽象的な意味での〕「物質的 material」とは程遠い。すべてはこの世界をこれまでとは**異なる居住方法**で生きられるかどうかにかかっている。信仰者は今、「霊的」な状態からも、天に眼を向け現世から抜け出すという義務からも解放されている。それこそローマ教皇フランシスコ〔在位二〇一三〜〕が信仰者のために見出した転機である。[23] そのもとで信仰者は、〔天国へ〕脱出するという形の救済から自由になり、かつて宗教が多少なりとも純真に描いていた「価値」、しかしその後次第に誤ったやり方で（つまり「下界」と「高み on high」とを対照させるやり方で）描いてきた「価値」そのものに再投資する必要が出てきた。しかもこの再投資は、〔「下界」と「高み」という〕以前と同じ対照関係を扱う一方で、それを新たな別のイメージ、別の儀式、別の祈りに作り変える他の姿形を使って成し遂げるのだ。そこにはもはや天国も下界もなく、〔抽象的な意味での〕「物質的」も「霊的」もない。あるのは「〔小文字で始まる普通名詞としての〕地球上での生活 life on earth」と「〔大文字で始まる固有名詞としての〕地球**と共にある**生活 life with Earth」との間の緊張だけである。終局性 finality や絶対者（神）Absolute への希求は同じだが、それはこれまでとは完全に異なる形態で語られるはずだ。この状況が、恐怖と不安の只中にいる私たちに、過去の姿形に潜在したものを最終的に理解させるのである。多くの人々が「価値」への再投資を試みていくだろう。ただそこには注意深さと機知が必要だ。しかも信心 faith は必須である。なぜなら、「人間における神の顕現 incarnation」の姿形は「地上への着地」の姿形と共鳴するからだ。また、境界（極限）limit はギリシャ語でエスハートン *εσχάτων*（eschaton）というが、これを語源とする「終末論

eschatology」の他の姿形についても掘り下げる必要がある——「他の姿形」とは、世界の**有限性** finiteness だけでなく、**終末** end、**終局性** finality といったものも含む表象 emblems のことだ。「あなたは御自分の息を送って彼らを創造し地の面《おもて》を新たにされる」（旧約聖書「詩篇」第一〇四章、第三〇節）。〔大文字始まりの〕地球 Earth の存在がなければ、聖霊 Spirit とは一体何の意味を持つというのか。

私たちはようやく気づいた。宗教の強力な毒から自らを守るには、宗教を世俗化するのではなく、宗教の原型の「価値」に戻ることだ。宗教を世俗化するとは、『回勅 ラウダート・シ』と聖霊 the spirit とを混同する一方で、同時に「価値」とその価値を表すための「暫定的姿形」とを結びつける糸を、見失うことを意味する。私たちは〔古くからある〕救済の宗教を、それがたどる運命に委ねてはならない。なぜなら私たちテレストリアルは、元々の宗教的宗教とその世俗化させた形とを組み合わせるという極端な形態に対峙するための道を、何とか見つけ出すことができたのだから。その極端な形態こそが、「神」と「ドル」を、そして「神」と「富」を合体させ、現世からの最終的退避というあからさまなプロジェクトを動かしてきたものなのだ。そのプロジェクトは、すべての資源の徹底的破壊を正当化し、無数の人々を**置き去りにし**、生きようが死のうが顧みることもない。そのため、

23 ローマ教皇フランシスコは『回勅 ラウダート・シ——ともに暮らす家を大切に』（瀬本正之ほか訳、カトリック中央協会、二〇一六）の中で、地球を「姉妹」「母」と呼んだ——「讃美されますように、我らが主よ。姉妹であり、私たちの母でもある大地 Earth を通じて。大地は私たちを支え、育み、様々な果実を実らせ、花々と千草によって色鮮やかに自らを装います」。この『回勅』は、教皇フランシスコによる環境問題を扱った初の社会回勅。

世界の終焉、まさに近代人にとっての世界の終焉は彼らの手中で驚愕すべき方向へと向かい始めた。「地上に造られる天国 paradise-on-earth という非常口が消えて無くなる姿を見てみたい」――この狂気じみた願望が、「ロックダウンを脱するためなら何でもしよう」という動きをさらに危険なものへと変えていく可能性がある。というのも、気候変動の否認はたしかに嫌悪すべきものだが、それもまもなくほとんど良性の、まともな激情に見えてくるはずだからだ。いずれ私たちは現世からの完全な退避を説く世俗化した宗教を振り払わねばならなくなるが、そのとき噴出する巨大リスクに比べれば、気候変動の否認がもたらすリスクなど、もはや大したものではないのである。

7 経済を表面に浮上させて

カフカの小説『変身』は、昆虫に姿を変えた主人公グレゴール・ザムザが、いつもの通勤列車に乗り損ね、すでに二時間を経過したときの様子を描写している。グレゴールが勤める商事会社の社長はひどくいきり立ち、部下の怠慢に腹を立てて「営業部長」をザムザ家に向かわせた。今回のコロナ・パンデミックによるロックダウンも似たような光景を出現させた。ただスケールはグレゴールに比べるとずっと大きい。二、三週間のうちにそれまで「(大文字始まりの) **経済** Economy」と呼ばれていたもの——人々はそれを「自分たちの世界」と混同していた——が突如としてギシギシ音を立て始め、やがてがたんと止まったのである。一時停止、完全停止、運転休止。私たちの誰もがこうした「世界の立ち止まり world standstill」を通して、人間行為に関わる「変更不可能な定義」という主張にひびが入ったことを察知した。そして私たちは、〔大文字始まりの〕経済——つまり一定の計算式の驚愕すべき拡大適用——と、会計学や〔小文字始まりの〕経済学——しばしばその実践には高評価の計算機が使われる――といった学問とを自分たちが混同することはもはやなくなることを理解した。昆虫脚のせいで身動きが取れなくなったグレゴールのように、惑星地球の住民一人ひとりが両腕をぶらぶらさせた状態で立ち尽くす自分を発見した――どうすればよいのか？　その極度にみすぼらしい掘っ立て小屋の中で、ある種の根本的な価値転換が起きた。最上部の「価値」が底に沈み込み、底の「価値」が最上部へと浮上したのである。

　それはまさに革命といってよいだろう。ただし特殊なタイプの革命である。これまで論争の余地なき存在基盤と見なされてきた〔大文字始まりの〕**経済** Economyが、まるで、再度、**最上部に浮上した**かのようなのだ。それは水中に人為的に沈められていた木製の梁《はり》が、突如、解き放たれて水面に浮上したような状態である。これによって、一発の号砲もなしに、近代生活の伝説的な「インフラ〔基盤〕」が**上辺だけのもの**にしか見えなくなった。またこれと平行して、思いもよらない代替作用のせいで、これまで物知り顔の連中が取るに足らない「上辺の構造」と見なしていたものがずるりと下に滑り込み、深部にもぐり込んだ。もぐり込んだものこそが、「**発生に関わる関心事** engendering concerns」であり、また**生き残り問題** subsistence issuesというものである。ロックダウンが敷かれたこの二、三カ月のうちに、〔大文字始まりの〕経済は「我らの時代の無敵の地平」（サルトル〔一九〇五〜八〇、フランスの哲学者〕がマルクス主義について述べたもの）であることをやめたのである。

　そのため、ロックダウン中のすべての家の前で大騒ぎが起きた（憤慨する「営業部長」がやって来て人々を「職場に戻そう」「復旧を加速しよう」と騒ぎ出したのである）。しかしそれに続く混乱の中で、グローバルな〔経済〕危機が絶えず私たちのすぐそばで展開しているとしても、人々の気持がもう職場にないことに私たちは気づいた。大衆 masses はものごとの捉え方に潜む皮相さをしっかりと確認したのである。一方、世界中の「営業部長」たちは大衆にそれを忘れさせようとしたが、一向にそれに成功しなかった。今回、問題になっているのは、「経済」システムを改善する、変える、グリーン化する、大変革するといったことではない。むしろ、〔大文字始まりの〕**経済なしで完全に済ますことが問われている**。テレストリアル〔地上的存在〕の心を大いに鼓舞させずにおかない逆説を通して、ロックダウン中の人々の精神を「経済学の法則」という「鉄の檻の中」（その長期にわたる幽閉状態の中で人々は朽ち果てつつあった）から一瞬でも**解き放ったもの**、それがコロナ・パンデミックという事件だった。誤った自由からあなたを解放したものがあるとすれば、間違いなくこれが決定打だろう。

かような関係様式に関わっている「明白な事実」という信仰〔（大文字始まりの）経済を地上生命の存在基盤と見なすこと〕は、生き物 lifeforms をこれまで住まうことのなかった世界に移送して初めて拡散可能になる——私はこのことをミシェル・カロン〔一九四五～、フランスの社会学者〕から学んだ。それは常に、「その場 on site」を生きることと、「オンライン on line」によるアクセスを持つこととの違いとして現れるものだ。実際、〔大文字始まりの〕経済をめぐって遭遇する奇妙な事実とは、私たちにとって最も日常的な事柄、私たちの日常関心事の中で最も重要かつ身近な事柄を扱っているにもかかわらず、あくまでそれらを日常から最も遠い事柄、**私たちとは無関係に**進行する事柄〔何光年も先にあるシリウス星で起きているかのような、私たちの利害関係とはまったく無縁な事柄）として捉え続けていることである。しかも、そうしたやり方に「科学的」という形容詞をあてがう――ただそれは**境界線** limes の向こう側で作用しても、境界線のこちら側では作用しない。私たちはだいぶ前から気づいていたが、**ホモエコノミクス**（経済的人間）には、生まれつきのもの、自然のもの、土地固有のもの、といった性質など何もない。厳密にいうならホモエコノミクスは高所からやって来たのである。そう、**上部が下に降りてきた**のであって、普通の現実的な経験から、すなわち**地面から立ち昇ってきた**のではない。いい換えれば、ある生き物が他の生き物との間に維持する関係性から立ち昇ってきたのではない。私たちが「テレストリアルの発生様式」を平明化するために「物体の振る舞い様式」を持ち込んだとしても、〔大文字始まりの〕経済はそうしたときに使うレバーのようなものでしかない。

〔大文字始まりの〕経済を拡張し地上生命の存在基盤になるよう深く根づかせたいというのであれば、一体何をすればよいのか。暴力的な植民地化に対する最もありふれた反応といえば断固とした抵抗の態度を貫くことだろうが、まずはそうした抵抗を挫かなければならない。そのために必要なのが〔大文字始まりの〕経済を「明白な事実」として押しつけることである。そして「明白な事実」として押しつけるために、インフラ構築という膨大な作業が必要となる。〔大文字始まりの〕経済は最終的に「深部で」振る舞うようになるにしても、そのためには重量級のセメント柱を巨大な杭打機で叩いて地中深くに埋め込む要領で、経済をしっかりと埋め込まねばならないのである。そうでなければ〔大文字始まりの〕経済は地上生命の存在基盤としての役を果たすことにはならない〔本書一一三頁参照〕。ドナルド・マッケンジー〔一九五〇～、イギリスの社会学者〕は〔大文字始まりの〕経済のこうした性質について長年探究を続け、次の条件なくして誰も「個人」を発明しえないことを明らかにした――商学部なくして、会計士・法律家・エクセルの表なくして、公共部門と民間部門の仕事の振り分けという国家の際限なき作業なくして、ランド女史の小説『肩をすくめるアトラス』〔本書六七頁参照〕なくして、新しいアルゴリズム〔解が定まっている「計算可能」問題に対し、解を正しく求める手続き〕の発明のもとで私たちを絶え間なく飼い慣らすことなくして、所有権の標準化なくして、そしてメディアが太鼓持ちを続けることなくして…。「個人」こそは、「誰にも何の借りも作らずに」すべての他者を「よそ者」と見なし、またすべての生き物 lifeforms を「資源」と見なすことで、徹底した個人主義、一定不変の一貫した個人主義を行使させる。カロンならこう述べるはずだ――簡素な草分け的〔大文字始まりの〕経済の痕跡の下にも、この三世紀に及ぶ**経済化** economisation の歴史が横たわっている、と。そうした前段的な埋め込みの過程がいかに極端な暴力を必要としたかは想像に難くない。もっとも、大規模な支援事業にわずかな中断でもあれば、問題の在り処は直ちに明らかになり、人々は次のような提案を行ったはずだ――「そんな場所で続けるのはもうやめにして、代わりに私たちの住んでいる場所から支援の事業をやり直してみてはどうですか」。実際、今回のロックダウンで「営業部長」をぞっとさせたのは、〔大文字始まりの〕経済を断念するためにテレストリアルが行ったのが、ただ家に帰ること、日常体験に戻ることだったという事実である。このまま再び私たちがグローバルな危機へと突入していく状況を想像すれば、何カ月にも及ぶロックダウンの期間中、私たちが以前のままの私たちでいるはずはなかった。グローバルな危機はまさにひたすら拡大していたのだから。

ロックダウンによって、テレストリアルはこうした惑星間的な転置から自由になった。「発生に関わる関心事」は行為の行程の複雑化を決してやめない――そのことを確認できる権利を私たちは取り戻した。かつての私たちに欠かせない存在だったエージェンシーの一つひとつが割れ目 hiatus をつけ加え、迂回を強制し、計算を複雑にし、討論を開始させ、ためらい scruple を抱かせ、発明を求め、「価値」の新たな分布を押しつけてくる。そのことを私たちの誰もが再確認している。それらは私たち自身が専念しなければならない類の事柄なのだ。問題は、「明日の世界」が「以前の世界」の代わりになるかどうかではない。最終的に上辺だけの表面的世界が通常の深さの世界に席を譲れるかどうかが問われているのである。

ロックダウンが好んだ深さを見失わないようにすることこそが大事だ。では、その深さを私たちはどのように確認すればよいのか。この問いは重要である。なぜなら、私たちは差し当たり皆、仮釈放で刑務所を出所した囚人のようなものだからだ。今一度しくじれば独房に逆戻りしかねない。再犯せずに済む方法を問うなら、答えはデュソン・キャジーク〔現代フランスの政治人類学者〕が提供してくれるだろう。それはこうだ――いかなる主題であっても、「そこには経済的な次元がある」といって**それで済ますべきではない**。そういった主張は、一方で、「そこには奥深く本質的できわめて重要な現実〔経済的状況〕がある」ことを暗示しつつ、他方で、「もし時間が許せば、『他の次元』〔社会的、倫理的、政治的次元、他に何か残っていないかと問われれば『生態的』次元〕を考慮に入れてもよい」

と主張するに等しい…。したがってそうした主張は、〔大文字始まりの〕経済という幻想にそれが持たない物質的現実を与え、高所から滴り落ちる力に手を貸すことにほかならない。〔大文字始まりの〕経済とは、行為の行程で生じるすべての割れ目 hiatus を覆い隠すために、多様な実践の上に被せられたベールのようなものなのだ。〔大文字始まりの〕「自然 Nature」同様、〔大文字始まりの〕「経済 Economy」も隠蔽を得意とするのである。

キャジークによるこの提起は、「経済的次元」の発動（それがどのような手段であれ）から生じる問いを、常に別の次元の問いに置き換えることを可能にする――「発生に関わるあなたの関心事を解決する**ために**、あなたが生き物 lifeforms との関係を**そのような形で切り分ける** divide up と決めた理由は何ですか」。近年、フランスの農業組合全国同盟（ＦＮＳＥＡ）は政府に執拗に迫り、ミツバチをも殺してしまう殺虫剤を再認可するよう圧力をかけている。彼ら曰く、「それはフランスの甜菜糖産業を救うためなのです」。しかし私たちはそうした主張を、「『経済的次元』であれば仕方がない」と認めるべきでない。彼らが次のように主張するなら、なおさらそうだ――「殺虫剤の認可は何十億ユーロもの利益を生み出し、四〇万人の仕事を自動的に救うはずだ。それこそ疑いの余地なき利益だ」。そうではないだろう。むしろ私たちが「経済的次元」以上にそこに見るべきなのは、生き物 lifeforms の**分布**についてだ。そして生き物の一つひとつについて、次のように問うことが重要になる――「なぜこの産業を救うのか」「なぜ甜菜糖を栽培するのか」「なぜ砂糖なのか」「なぜこの特定の仕事に対してなのか」「なぜＥＵによる補助金が必要なのか」「なぜ養蜂家や芥子《ケシ》の花がこうしたもののために犠牲にならなければいけないのか」「なぜ国はネオニコチノイド[24]の使用禁止という決定を撤回しなければならないのか」「〈甘露を排泄する〉アブラムシは乾燥した土地でどのような役割を果たしてくれているのか」などなど。さて、どうあっても屈してならない誘惑がこれらの問いに潜んでいるとすれば、それは現状を何らかの総和に置き換えて論争を封じてしまうこと、それによって〈地上における〉**こうした割れ目 hiatus のすべてを無視して平たく押し並べてしまうことだ**。ここでいう総和とは、**どこか別の場所にいる他の存在のもとで**起きたこと、特に、遠く離れた場所にいる**他の存在のもとで**起きたことを指す。私たちは何も、甜菜糖を嫌っているとか、甜菜の栽培者を飢えさせるべきだと主張しているわけではない。むしろ代替となる解決策がない現状にあって議論を尽くした後には、そこで言及された汚物の使用を許可するほうが却って望ましい結果になることだってあるかもしれない。ともかくここで示唆されているのは、討論、交渉、評価のこうした一まとまりの中に、**デフォルト**〈初期設定〉**としての**〈大文字始まりの〉**経済**（つまり、事態の表面的側面）**に還元できるもの**など何一つないということだ。当然そこには不可避的に**より深い**何かが潜んでおり、それを私たちは考慮に入れねばならない。**境界線** limes のこちら側には平たいものなど一つもない。私たちには経済の覆いを取り除く努力が常に求められているのである。

　こうした事態は、もしその他の心配事（「より高尚で」「より人間的」「より倫理的」「より社会的」と見なされる心配事）を〈大文字始まりの〉経済という基盤の上に置くようなことさえしなければ、決して不平不満の元にはならないのではないか——そう思うかもしれないが、話はまったく逆である。

実際には、「より現実的」「より実践的」「より物質的」になることで、〔大文字始まりの〕経済の問題を**さらに深く掘り下げねばならない**時代を私たちは生きている。その事実を認めるべきなのだ。経済学者が「自然 Nature」を創造した理由はあくまで自ら計算した「総額」を自由に回遊させる場が必要だったからである。しかし少なくとも私たちは、こうして創造された「自然」の中を生きているわけではない。「諸宗教が『霊的世界』を発明したのは自らの聖なる姿形をその中で回遊させるためだった」と知って私たちが憤慨するなら（それはきわめて正当だが）、「人々が『理想的な物質世界』を発明したのは自らのアルゴリズムをその中で回遊させるためだった」と知れば、私たちはさらなる衝撃を受けるはずだ。それは退職した鉄道員が経験する状況にも似ている。鉄道模型に夢中になっている元鉄道員は、鉄道クラブで鉄道の縮尺モデルを使って電車を走らせる。ところがそこには乗客が一人もいない。経済学者は自分たちの議論を**開く**ために自らの道具をどんどん拡張するけれども、そこには議論を**閉じる**ための道具は一つとしてないということだ。キジャークは正しかった。私が今述べているのは経済学に対して新たな論争を仕掛けるという話ではない。経済学は生き物 lifeforms が相互に維持している関係性を記述するにはまったく適していないから、経済学のすべてを**断念すべきだ**

24　クロロニコチニル系の殺虫剤の総称。世界の主流の殺虫剤として一九九〇年代から使用が急増したが、その後、世界各地でミツバチが大量に姿を消す事例が相次ぎ、ネオニコチノイド系殺虫剤が一因ではないかという重要仮説が立てられた。

というとことをここではいっている。〔大文字始まりの〕経済は上手に魔術を仕掛けてくる。それに対して私たちは悪霊払いの方法を学ばねばならない。

インフラの役割を果たすという〔大文字始まりの〕経済の力は、「自然と自然法則」の作用を持つひと塊《かたまり》の構成物にごく初期に導入された平行関係 parallel に依存する。自然と経済の間に引かれたその平行関係は、〔大文字始まりの〕「自然 Nature」法則に〔大文字始まりの〕「経済 Economy」法則を同化させ、ひいては経済法則に驚異的なインフラの役割を担わせるという考えを生み出した――この認識に立てば、たしかにすべてはより明瞭に理解できるようになる。そこには私たちテレストリアルが何としても回避しなければならない罠がある。それは、「『自然』こそが地上に広がる王国を支配する」と考えることである。ガイア Gaia〔本書注6参照〕が侵入したのはまさにその自然の王国であり、これが私たちの思考習慣すべてに大きな影響を与えた。近代人はあらゆる対象を思いのままに呼び出すことはできる――オオカミを（それは私たちの誰もが知る人間にとってのオオカミである）、ミツバチを（それはその途方もない利己主義を通して公共善に貢献する）、身体器官を（それらは互いのために自己犠牲し合う関係にある）、蟻を（それは常に勤勉に働く）、羊を（それはおとなしい性質を持つ）、ウイルスを（それは一掃されなければならない）、昆虫を（それはザムザ一家を恐怖に陥れた）、そしてもちろんシロアリ、子羊、鷲、子豚も呼び出すことはできる。しかし、こうしたいくつもの対象に近代人が与えた想像上の振る舞いは、テレストリアルが実際に依存している存在との関係を確立する際には何のモデルも提供しない。テレストリアルがそうした呼び出しを信じることは決してない。

それは単純に、これらの対象は皆、自家栄養生物〔本書六三頁参照〕ではないからだ。彼らは周囲にあふれ出し、互いによだれを掛け合い、重なり合い、混合し合い、そうした活動を延々と続けながら最終的には**自己利益の正確な計算**が不可能になるまでそれを続ける。

生き物 living beings を「計算する個体」の表象として扱うことはできない。〔大文字始まりの〕地球 Earth は個人（個体）としての生き物にいかなる避難所も提供しない。すべての生き物は皆懸命に生き抜こうとする存在だから、その点では自己中心の利己主義的存在ともいえるだろうが、実際には、**間違いを犯さずに**自己利益を計算するのに必要な、他と区別できる明確な境界を持つ生き物などどこにもいない。もしあなたが、〔大文字始まりの〕経済の「鉄の檻」への人間の監禁を正当化するためにテレストリアルなエージェント〔＝生き物〕を召集しようと目論むなら、その檻が計算間違いの洪水であふれ返るのを、それも、混乱の種《たね》の上にさらに多くの混乱の種を積み重ねるのを目撃する覚悟が必要だ。ひと言でいうなら、無数の厄介事が発生するということだ。生き物の召集が状況の単純化に向かわせたことなどこれまで一度としてない。結局、「自然への訴え appeal to Nature」がそうした混乱の場に置かれるのはガイアがそこに侵入したからである。ロックダウンの経験を受け入れるとは、論争の余地なしとされる自己同一化《アイデンティティ》の境界から最終的に自由になることを意味する。遺伝子は自己中心的なものを多いに求めるかもしれないが、それを求めるには少なくとも、遺伝子が境界を描くのに必要な**自己**を持っていなければならない〔本書六九頁参照〕。

「自然 Nature」と「地上での生活体験」との間に平行関係を打ち立てようとした人たちは、かなり強硬なやり方でそれを描き出そうとしてきた。その結果、宗教的概念――「天地創造に対する神の摂理 providential order of Creation」という考え方――を再び**世俗化**しなければならなくなった〔本章第6章参照〕。そのために導入されたのが「計算可能で徹底した自然淘汰」という考え方である。これが「自然の摂理 order of nature」という神聖な概念を人々に固持させることになった。この「自然の摂理」こそ、「すべての生き物は**自己利益の計算**結果によって正当化されるまさにその場所に居住する」という事態を保障したものだ。つまりほかでもない、「自然に属する神の摂理」という考え方を発明しただけなのだが（そこでは「野獣」が弱肉強食の戦いを展開する）、それによって人間にも「野獣」としての位置づけが可能になったのである。実際には弱肉強食の世界を生きる他の動物同様、人間という「野獣」も多くの心配事を抱えている。なるほど、よく知られた「**社会ダーウィン主義**[25]」は、自然主義者が見出した発見を、「**自然の経済** the economy of nature」に関係した崇高な秩序化に嵌め込むという目標を持っていた。しかし、それは基本的に宗教的観念のままだし、地上に関連したものとはいえなかった。哀れな人間にとって、自己利益を利己的に計算するなど会計学の道具があっても難しいものだ。そうであれば細菌、地衣類、樹木、クジラ、セイヨウツツジにとっての困難はいかばかりだろうか。想像すら難しい。**ホロビオンツ** holobionts〔本書七〇頁参照〕は銀行口座など持たないのである。

生き物 living things がその誕生以来、ずっと正確な計算をしてきたというのがもし本当だったとしたら、生き物は結局、生き残れなかっただろう――いく人かの進化論者はそれを立証してきた。彼らは、視点を競争から協力へと転換すべきだと主張しているわけではない。彼らによれば、生き物にとって生存に有利な条件が最終的に引き出されたのは、単に計算間違いが起きたからだ。そこに「神の摂理」を暗示させるものは何もない。あるのはただ行き当たりばったりのプロセスのみで、それがある一つの生き物の生存条件を作り出し、その生存条件を、下流にいた他の生き物も新たな形でしっかりとつかみ取ったということだ。それは、酸素を産出する有名な細菌（シアノバクテリア）が意図せずして酸素を作り出し、それが別の生命体に生き抜く方法を新たに発明させたというのと同じである。あるいは私たちもよく知るように、中国南部の森林伐採が新型コロナウイルスに「絶大な機会」を与えたというのと同じである。数億年もの間、一歩ずつ重ねられてきたこうした計算間違いの蓄積が後押しとなって、強度を増す太陽光や氷河時代、あるいは隕石や火山活動にも耐えられるだけのしっかりした柔軟な体制が（何の試行も経ずに）作り出された。そこには多くの囲い地、球体、薄膜、円天井《まるてんじょう》 dome があり、そこでの耐久力はそれらの存在の重なり具合、連結状態に依存するのである。もしこの体制において、ある特定の「テレストリアルから外れた存在 extraterrestrial」の導入が強力に避けられているとすれば、その存在とは間違いなく、完全な自己中心的な個体、すなわち、この広大

25 個人・集団・国家・思想における競争が、人間社会の進化をもたらすという理論。ダーウィン主義の言葉が使われているのは、生物進化の考え方や適者生存（survival of the fittest）の考え方を取り入れているためであり、ダーウィンとの関わりはない。一九世紀のスペンサー（一八二〇～一九〇三、イギリスの哲学者）や、優生学を創始したゴールトン（一八二二～一九一一、イギリスの遺伝学者）らが提唱した。

な体制を形づくっている当座しのぎの仕事全体の柔軟性に対してきわめて重い負担を掛ける、隕石のような特定種のことだ。また、もしそこに〔大文字始まりの〕経済の「基盤づくり」を許さないプロセスがあるとすれば、それは間違いなく、ガイアが自らの存在維持のために採用してきた手段から借りたものだ。結局「自然 Nature」が機能しうるのは、「テレストリアルから外れた存在」の、論争の余地なき基盤としてだけなのである。

こうした認識こそ――否定的なやり方とはいえ――、私たちをよりよい方向へと導いてくれるものなのだ。私たちテレストリアルは、〔大文字始まりの〕経済の家には**これまで一度も居住したことがない**。ザムザ一家はまさにその事実に慣れねばならない。食いぶちを稼ぐことができなくなったグレゴールは、もはや営業マンとしての地位を回復することはないだろう。昆虫になったグレゴールに、ザムザ家の父親はステッキを好き勝手に振り上げ怒りを露にし、「営業部長」は「解雇されたくないなら早くベッドから起き上がって仕事に行きなさい」と忠告するだろう。しかしグレゴールは身動きを拒むだろう。私たちは私たちの関係性を、次のような傲慢な姿勢で単純化することなどできないのだ――「確定した境界を持つ個人（互いに外的な存在としての partes extra partes〔ラテン語〕、自律的で自発的な存在としての個人）がそこに一堂に並ぶと考えること。その個人は相互に貸し借りなしと宣言でき、結果的に赤の他人、ある意味で**相容れない存在**になれると仮定すること。そのうえで、これまで折り重なるように生きてきた事実などまるでなかったかのように、また、かつていかなる相互作用も持たなかったかのように振る舞うこと」。さあ、私たちはパンデミックの経験を持ったことを祝福しよう。互いに一メートルの距離を保ち、マスクを着けるよう強制されたおかげで、私たちは確立した個人という概念がまったくの幻想にすぎなかったことをはっきりと認識できたのだから。

ロックダウンが暴露したことを実らせよう。もう外部世界なるものに自分たちを移動させる必要はないのだから、私たちは、ここ、この下界の私たちの住む**場所**に改めて眼を向けることができる。その場所で、明らかに私たちは一方で失うものを他方で獲得する。すなわち、私たちは関係性が生む結果から距離を置いて遠くからその関係性を計算するなどもはやできないが、自分たちが計算できないものを取り込み、それを**眼の前に**あるものと一緒に**記述することができる**ようになる。そうなれば、この計画は十分に割の合うものになるのだ。

8 テリトリーを記述する――正道だけを通る

ロックダウンの間、私たちの誰もが、しばらく中断していた〔大文字始まりの〕経済 Economy の中で、これに取って代わるものは何かと考えざるをえなくなった。私たちは次のように自問した。この活動、あの活動を私たちはなぜ続けていこうとするのか。なぜ何か別のことを思いつかないのか。停止させたいと思う活動があっても、それに依存して暮らしを立てている人たちにどう対処すればよいのか。私たちが有益だと判断しているビジネスをどのように展開すればよいのか…等々。私たちのうち、少なくとも考える時間的余裕のある人々は、これまでとは違った物質的基盤を自分たちのために創出してもよいと感じていただろう。当初それは、ともかく中断期間を利用しようといった一種のゲームのようでもあった。それから徐々に、真剣なものへと変わっていった。すべてを停止させ、「以前の」状態には二度と戻らないかのように振る舞うことができた。もちろん、実際にそれは困難だと感じてもいたが。

面白いことに、ロックダウンは「この後の世界」を人々に想像させることで、もはや**どこかの場所**ではなく、まさしく**この場所**に住んでいるという実感を人々に与えた。実際、人々が**生存**の問題に重きを置くなど以前にはなかったことだ。あるいは、そうした問題は、どこか別の場所で自分たち以外の誰かによって、その誰かのために決められるものだと感じていた。かつての私たちから見れば、そうした問題は「不可避な必要性」の類、「隠蔽された明白な事実」のようなものを形づくっていたのである。だからそこでは、「私たちはどこか特定の場所に住んでいるわけではない」という印象が際立っていた——特定の場所とはまさにあらゆる論争的用語、「グローバリゼーション」が覆い隠してきた何かだった。ところが、生存に関わる自問に対峙したおかげで、また、それらが極端に回答の難しい問いだと理解したおかげで、私たちは徐々に夢から目覚めざるをえなくなり、今度はこう自問するようになった——「一体私は、**これまで**どこに住んでいたのか」。そうだ、〔大文字始まりの〕経済の中だ。しかしこの回答が真に意味しているのは、**我が家以外のどこか**というにすぎなかったのである。

反対に、そうした自問への回答に苦慮する度に、私たちは自分が**ある状況に置かれている**と感じるようになった。一連の参照点への連結を通して、私たちはある場所に留め付けられた。こうして、自宅でロックダウン状態を維持する義務は、肯定的な意味を持つようになった。そう、隔離されることで私たちはどこかの場所にようやく**足を付ける**ようになったのだ。さらに奇妙なことに、こうした問いについて他者と議論すればするほど、自身をこれまで以上に正確に位置づけねばならないという感覚がいっそう強まっていった。突如として、「グローバル化した世界に居住する」という表現が深刻なほど古臭く聞こえるようになり、あっという間にそれは一つの命令に取って代わられた――「他者と協力して記述する describe 必要がある『特定の場所』に自分を配置しよう」。実に意外な動詞の組み合わせではないか――「**生存する、グループを作る、特定の土地区画の上にいる、自己を記述する**」。「世界はグローバル化している」――これまでそういわれてきたのだから、**テリトリー**〔本書注22参照〕を記述するにつれて誰の眼にも明らかになるそのテリトリーの上に一つのグループを構成するという、この古びた「反動的な」選択権の再出現は誰にとっても衝撃だった。しかしこれにより「テリトリー」という行政用語が、ロックダウンとともに実存的意味を帯びるようになった。今や「テリトリー」は、誰かが遠隔から記述したもの（誤道を通って、つまり高所から下に向かって記述したもの）ではなく、私たち自身が私たちの隣人をもそこに含めて記述したもの（正道を通って、つまり**地面から**上に向かって記述したもの）になったのである。

誤道を通ってテリトリーを記述するとは、つまり高所から下に向かって記述するとは、知っての通り、地図を参照して横座標と縦座標の交差地点を割り出し、そこに表象を書き入れることを意味する。キロメートル単位で距離を示しただけの単純な関係を用いて、特定の場所の正確な位置決めを代替させるのである。そうした操作は、知らない場所を短時間訪問する場合には便利なものだ。この操作を可能にするためには、前もって道路部局が自分たちのなすべき仕事をこなすことで、訪問者の手許にある地図と、測量技師の一連の記録に沿って建てられたその場の標識とがうまく合致していなければならない。これらの作業はすべて土木工学の部局をはじめ、政府出先の地方部局から派遣された土木技師の管理のもとで行われる。また、地図と標識が合致するように、国家は効率よく仕事を進め、作業関係者はきちんと組織化されていなければならない。そうして初めて、地図はそのテリトリーについての情報を示すようになり、人は見知らぬ土地でも旅行することができるようになるのである。

もちろん、私たちが「**自分らの**テリトリー」を記述する方法は、そうした誤道を通るものではない。たとえ私たちが通りすがりの見知らぬ人に丁寧にあいさつしようとも、あるいは技師、測量士の経緯儀をひっくり返そうとも、誤道は誤道である。地理学者なら誰もが知るように、私たちにとってキロメートルで示される距離や三角法で示される角度は、実際には多くの他者との関係性を意味するものだ。それは、座標の碁盤目を**たどる**ことで示されるものではなく、**相互依存性に関する質問への回答**を通して示される――「私は生存 subsist のために何に依存すべきか」「私に食料を提供してくれるものに対して、重圧を加えている脅威とは何か」「そうした脅威を私に知らせてくれるものに対し、私はいかにして信頼を築けばよいのか」「そうした脅威から自身を守るために、私は何をすべきか」「そうした脅威から脱するために、私はどのような助けをどこから得ることができるのか」「私が阻止するべき敵とは何か」。こうした問いへの回答が「自らのテリトリー」を描き出す。しかしそこに描かれた図は、ロックダウン以前の、自分自身の位置確認 getting our bearings の仕方とうまく合致するわけではない――「自身が、追跡されること」と「**自身を位置づける** situating oneself こと」は同じではない。なるほど、**計測という点**ではどちらも**重要**だが、重要の中身は同じではない。『変身』の主人公グレゴールと彼の両親は、それを苦い経験から学んだのである。

誤道から見た場合のテリトリーは、それがいかなるものであれ、地図上に丸で囲んだ場所がテリトリーとなる。一方、正道から見た場合のテリトリーは、私たちが依存する対象との相互作用に**合わせて、そのリストの分だけ**拡張され、それ以上の拡張は伴わない――「あなたの富のあるところに、あなたの心もあるのだ」（新約聖書「マタイによる福音書」第六章、第二一節）。最初の定義、すなわち誤道で見出されたテリトリーの定義は、地図製作的で、しばしば管理上のもの、あるいは法定的なものである――「あなたが**誰なのか**教えてください。そうすれば、あなたのテリトリーが何なのかを報せます」。一方、二番目の定義、すなわち正道で見出されたテリトリーの定義のほうはより動物行動学的である――「あなたが**何で**暮らしを立てているのか教えてください。そうすれば、あなたの生活の舞台がどれだけの広がりを持つかを報せます」。前者に回答するためには**アイデンティティカード**を必要とし、後者に回答するためには**提携関係**のリストを必要とする。渡り鳥のテリトリーを世界地図上に投影してみよう。ヴィンシアン・デプレ（一九五九〜、ベルギーの科学哲学者）がいうように、投影地図ではその鳥を鳴かせているものが何かを少しも理解できないだろう。ところが、その鳥の食べ物は何か、その鳥が渡りをする理由は何か、その鳥が依存する生き物はどれくらいいるのか、その鳥に立ちはだかる危険とは何か――これらについての答えを見出し始めれば、すべてが変わる。その鳥の生活舞台は単純な投影地図からあらゆる方向にはみ出してしまうだろう。

誤道で見出されたテリトリーにおいては、私たちは一連の測量技師の動きを通し、座標の交差地点に場所を位置づけることでその場所を同定する。他方、正道で見出されたテリトリーにおいては、私たちは私たちにケアをするよう強いる存在者の**帰属** attachments をリスト化することで、その存在者について学ぶ。誤道で見出されたテリトリーにおいては、私たちは空間を通り過ぎるだけの見知らぬ他者——その他者にとって空間は等質的なものだ——へのアクセスを重視する。他方、正道で見出されたテリトリーにおいては、私たちは「私たちの発生に関わる関心事 our engendering concerns」に大量に入り込んでくる**依存者**との接触を着実に開始する。誤道を通った場合、そこで重要になるのは距離の計測であるが、そうすることであなたは、そこここでまさに自由自在に歩を止めることができる。気まぐれに選んだ地図を利用することもできるし、全地球方位システム（GPS）を持参したかのようにぐるぐると**無限に**運転してまわることもできる。他方、正道を通った場合、あなたにとって最初に重要になるのは距離ではない。あなたの記述 description に入る存在者は、地図上で遠かろうと近かろうと変わりなく、常にそこにいるからである。

また、正道を通った場合、存在者のリストは常に有限であり、作成も難しく、毎回、調査の類を必要とする。そこに対決の兆しが見られれば、むしろどんな場合でもデリケートな対応が求められることになる。そうした申し分のない理由のために、あなたはたぶん、無限に向けて突き進むことはできない。しかもこの存在者のリストは、恣意的に拡張したり縮小したりはできない。もし、ある生き物 lifeforms をこのリストに加えることが困難だと感じるとしたら、それはその生き物があなたの作成する記述に強引に入り込み、自らを考慮に入れるよう**強制する**からだ。もちろんリストに加えること自体は不可能でないとしても、そのためには、あなたが記述したリストの全体に**戻って**、新たなリストに向き合う努力を**さらに**重ねる必要がある。それにつれ、あなたの探査はより深部へと及び、記述されたものとの緊張関係は不可避的に高まっていく。それこそイザベル・ステンゲルス〔現代ベルギーの科学史家、科学哲学者〕が**義務** obligations と呼ぶものである。あなたの記述がより正確になるにつれ、あなたはさらに多くの義務を負わざるをえなくなる。「地球に降り立つ」とはローカル〔局地〕に向かうことではない。通常の韻律学の意味でそうだ。つまり、私たちの依存する存在がキロメートル単位で**いかに遠くにいようと**、あなたはその存在に出会うことができるのである。

「ローカルな」〔局地的な〕という形容詞にまつわる誤解の全貌がここにある。手短かにいえばそうなる。もしあなたが誤道を通って状況調査を行った場合、あなたはその状況のみを指して「ローカル」と定義するだろう。しかしその意味は、量で測って大きいものと比べればそれは「小さい」、ということにすぎない。現に、地図はその構成要素としての縮尺をただ見分けるだけのものだ（その作用は、たとえば私たちにZOOM《ズーム》のオンライン会議を持たせてもくれるのだが）。この誤道を正道に戻せば、**共に** in common **話し合い主張し合う状況**を指して私たちはそれを「ローカル」と呼ぶ。この場合、「近く」とは「二、三キロ離れている」ことを意味するのではなく、「私に直接、攻撃を加えるもの、あるいは私に**直接**、食料を提供してくれるすべてのもの」を意味する。それは**関わり合い**やその**強度**を測るものとなる。また、「遠く」とは「キロメートルで測って遠い」ことを意味するのではなく、あなたが依存するもののうち**面倒な掛かり合い**がまったくないために「直ちに配慮する必要のないすべてのもの」を意味する。だから結果として、あなたが正道を通って記述するために呼び集めるものは、ローカルかグローバルかで区別するものではないことになる。たとえ無数の論証法を犠牲にしようが、おそらくあなたがやがて一対一で対峙せねばならなくなる存在者たちとの様々な連結関係に合わせて**取りまとめる**ものこそ、あなたが記述のために呼び集めるものなのだ。

平面球形図 planisphere や地球儀がガイア Gaia の考え方をうまく表現しえない理由もここにある。ガイアは通常の意味で「大きなもの」でも「グローバルなもの」でもない。それは丁寧に一繋ぎ一繋ぎしっかりと連結された状態を保つ。そこでは「ローカル」という用語の意味と「遠方 remoto」という用語の意味はときとして重なる——傾向としては稀だが。今日、**私たちが住む** we live in 世界と、**私たちが暮らしを立てるために依存する** we live off 世界とが重なることはほとんどない。工業社会の住民が牧草地の只中に住む live in ようになってからかなりの年月が経つ。しかしそれは——ヴィクトル・ユゴー〔一八〇二～八五、フランスの詩人、小説家〕の詩にあるように——、「ウル〔バビロニア南部にあった古代カルデアの都市〕でもエリマデト〔ユゴーが創造した都市〕でもすべてが憩いについていた」ときに老人ボアズ〔ユダのベツレヘム〔現パレスチナの町〕からモアブの野にやって来た畑地の所有者〕が麦打ち場でまどろんでいるのと同じようなものだ。[26]（一一一頁）

あなたが正道を通ってテリトリーを記述したとすれば、あなたは時を置かずに、〔大文字始まりの〕経済がなぜ現実主義的にも物質主義的にもなりえないのかをはっきりと理解する。〔大文字始まりの〕経済は、衝突、緊張、論争という現実を隠すために作られたものなのだから。あなたは、もはやそうした現実の記述を避けようとはしないだろう。〔大文字始まりの〕経済に奉じるとは、「排他的所有権で保護された境界を持つ自律的な個体」という、もっともらしい理屈を使って自分自身について説明する必要のない存在を作り出し、それによって相互作用の回復を抑制することを意味する。しかし、そのような所有権は、下流に排泄物をいっさい残さない自家栄養生物 autotrophs〔本書六三頁参照〕にしか適用されない。そうした所有権を行使できる特殊な動物など地上に存在しないことは明らかなのだから、人々に不運な倹約生活を強いた新型コロナウイルス感染症による休止状態がいかに混線的なものだったかがわかる。複数の人々がテリトリーの記述を拡張するや否や、状況は瞬く間に激しさを増し、やがて沸点に達するだろう。所有権が作り出す境界は、そうした状況を凍結させることぐらいしかできないはずだ。それを人々は理解したのである。

たとえば、私の隣人はトウモロコシをこよなく愛するが（より正確にいえば、トウモロコシ畑の灌漑のために拠出される、EU補助金の過剰利用者ということだが）、彼は自分が利用した除草剤を通して私の孫の身体を侵害している。もし私が彼に、私の所有権を尊重し、**あなたの所有権はあなたのところで完結させて**、あなたの除草剤があなたの領地の境界からはみ出さないようにしてほしいと頼んだとしたら、彼は慇懃さを残しながら「それがこの惑星を養っていくということなのですよ」と反論することだろう。そしてこうつけ加えるに違いない——「自分の行為についてあなたに**説明する必**要などありません」。これに対し、私がこういったとする——「私もあなたと同種の権利を持っているのですよ。あなたの除草剤に侵略されない権利です。私の芝生が、さまよい歩くあなたの羊に食まれないようにすることも、またあなたの子どもが、私の飼い犬に嚙まれないようにすることも、これと同じ権利です」。おそらく彼はこう反発するはずだ──「私たちは田舎に住んでいるのだから、**相手の活動を邪魔せずに自分の活動を展開できる人**などいるはずがない」。「しっかりした柵は好意的な隣人を作る」という諺がある。極端なほど牧歌的なこの諺に対して、彼はこう抗議するはずだ──「柵で囲んだ領地内にすべてを隔離するというのですか？　とてもありえない！」。雄鶏《おんどり》のコケコッコーの鳴き声は村の空間に轟き渡る。それは除草剤も、教会の鐘も、犬も、牛も、そしてペレット〔ラ・フォンテーヌ〔一六二一～九五、フランスの詩人〕の寓話に出てくる乳絞りの娘〕が地面にこぼしたミルクも同じことだ。政府に対する無数のデモ行進も、きっとそうだった…それが田舎に生活するということなのだ。

「なるほどそういうことですか」と私はいう──「**それをあなたも認めるのですね**。『**私たちに無関係なものは存在しない**』といえるテリトリーに共に暮らしていることを。なにしろそこでは、それぞれの存在者がすべての他者と重なり合っているのですから。『この世界の**ホロビオンツ** holobionts〔本書七〇頁参照〕は集合する』。しかし、私たちがそうして絡み合って生きているなら、まさにそれにつ

26〔一〇九頁〕　ボアズは、ヴィクトール・ユゴーの叙事詩「眠るボアズ *Booz endormi*」〔一八五九、叙事詩集『諸世紀の伝説 *La Légende des siècles*』所収〕の主人公。詩は旧約聖書「ルツ記」第二章のボアズとルツの話をもとにした作品。安藤元雄ほか編『フランス名詩選』岩波文庫、一九九八、八三～九三頁収録。本文中の「　」内引用部は安藤訳による。

いて語り合わねばならないということですね。お互いに向けてあふれ出しているなら、**共有地** common を形づくっているということですね。ならば、そうした重ね合わせについて議論する場所、施設、日時、時間、やり方、手続きを提示してください。あなたの侵害行為を制限し、私たちすべてにとって、より公正な取り決めが結べるようにしてください」。おそらく彼は干し草の山を吹き飛ばすか、私がもう一匹の昆虫グレゴールであるかのように私を上から踏みつぶそうとするだろう。

とはいえ、彼のこの拒絶のおかげで、私たちは〔大文字始まりの〕経済が実際に行ってきたこと、状況を**偽装しつつ**行ってきたことを、正確に把握できるようになった。もしこの想像上の会話によって**大地 soil に暮らす人々**の姿がくっきりと表れ、その結果として、そうした生き物 lifeforms の重なり合いを共有地として説明できるようになったとしたら、そこでの記述は、この会話に見られる矛盾した集合的記述に取って代わることになる。相互依存性という結びつきについて記述することは、〔大文字始まりの〕経済が遮断してきた議論を今一度、最初から取り上げるよう私たちに促す。それもリストに挙げられた存在者それぞれについてそうするよう促す。

この新たな記述法が「重ね合わせ」と「侵入」に関わるとしたら、そこには公共問題のようなもの、したがって、否応なく連結し合う生き物 lifeforms の分布の問題に再着手を促す制度 institutions のようなものが存在するに違いない。厳密にいって、〔大文字始まりの〕経済は人々を配置から外し depopulates、地面から追い出す。これに対しロックダウンが私たちに許したのは、次のような人々を**再び住まわせ、位置づけ直す**行為である。その人々とはすなわち、自分が依存している存在者たちの生存条件を自分が維持しているか破壊しているかの基準で、自分の能力を判定しようとする人々を指す。テレストリアル〔地上的存在〕が大いに歓迎されるとすれば、それは彼らがエコロジーと分類するものの中に、領地 domain や新たに焦点化された「グリーンなもの」ではなく、記述の**再開**とともに作り変えられる〔大文字始まりの〕経済が加わったときであろう。もしエコロジーがあらゆる方向に拡張するものなら、経済も当然、拡張を許されていい。しかし、エコロジーは惑星地球を焼け付くままに放置せず落ち着かせようとするものなのだから、経済も惑星地球の結びつきを暖め直すことで、最終的にそれ自身をクールダウンさせねばならない。

「そのような制度 institutions など実際にはどこにも存在しないのではないか」——それはその通りだ。ただ、**自分たちをどこに位置づければよいか**は少なくともわかったのではないか。テレストリアルは〔大文字始まりの〕経済の破綻によって自らを回復した。そして何とか然るべき制度を構築しようとしている。テレストリアルは今、巨大飛行船の黒焦げになった骨組みの中にいるようなものだ。事を始めるにあたって、まず私たち一人ひとりが隣人との接触を取り戻すことだ。新たな記述法が新たな位置づけを可能にし、人々を**再配置** repopulate させる。そして——これが最も予想外のことだが——、その記述は行為に対するあなたの志向を回復させる。私たちは、どこから見てもほとんど希望のない「変化 mutation」から離れ、より希望の持てる「変身 metamorphosis」へと向かわねばならない。その通り、たしかに私たちはマスク越しに窒息しかけている。ただ最終的には「もう一つの形態」を獲得するかもしれないのだ。

9 風景の解凍

そうした形態変化 change of form が成功するかどうかは単純な観察によって知ることができる。私たち人類は、「物質」世界を構成するらしい「不活性な物体 inert things」に出会った経験などかつて一度もないはずだ。都市に居住しているなら当然そうだろう。あなたの居住環境の一ミリ一ミリが人間によって、あなたの同胞によって造られているのだから。もっとも、あなたが田舎に居住しているなら、そこでも明らかに同じことがいえる。あなたのテリトリー〔本書注22参照〕の細部まで、すべてが生き物 living things による創作だからである――そのうちのいくらかは、時間的に遙かに離れた時期に建造されたものだ。そして「モノ things」がもたらすこの一貫性という感覚は、クリティカルゾーン〔本書注8参照〕が拡張する分だけしか広がらない。「不活性な物体」は思考実験の中にしか存在せず、その思考実験がこれまで誰も住んだことのない世界へとあなたを連れて行く（ただし、それもあくまで想像の中だけの話だが）。そこで次の問いになる――この「地上世界には不活性な物体などない」という明確な感覚は、今あなたの存在のあり方を、あなたの未来の描き方を、あなた自身を空間に位置づける方法を、そして「移動の自由」と呼ぶものについてのあなたの理解の仕方を、本当に変えてくれるのか。

そうした変化 transformation についての可能性を探るには、下から見た場合のテリトリーの、より具体的な記述が必要であり、それを伝える道具があるとより好都合だろう。私たちはソエイユ・アジミルババ〔現代フランスの建築家〕と共に一つの方法を試してみた〔図1〕。地面に大きな円を描いて〔縦軸に〕矢印で時間の方向〔下半球が過去、上半球が未来。中央が現在〕を示し、一方の側〔右半球〕に「＋（**ポジティブ**）」という標識を、他方の側〔左半球〕に「－（**マイナス**）」という標識を立てる〔なお、横軸は重要度を表す。右へ行くほどプラスの度合いが、左に行くほどマイナスの度合いが強くなる〕。そして円の真ん中に立った参加者に、次のような指示を出す――「あなたの右手後方四分の一のところに、あなたが依存している存在、あなたに食料を提供している存在、あなたの生存を可能にしている存在を置く。あなたの左手後方四分の一のところに、あなたを脅かしている存在を置く。あなたの右手前方四分の一のところに、あなたがこれまで享受してきた生存条件を維持し向上させるためにあなたが将来行うであろうものを置く。あなたの左手前方四分の一のところに、あなたに依存している存在の生存条件を不妊化、悪化させ、状況をより困難にするだろうものを置く」。これは子どものゲームのようなもので、気楽だし楽しみ満載だ。もっとも、あなたがそれを始める段になると、円の周りを囲む他の参加者もやや神経過敏になってくる。あなたはそこで決断を下さねばならない。それはあなたに

図1　ラ・メジシ、サン・ジュニアン〔フランス中西部の都市〕にて、2020年2月1日。大共同プロジェクト「どこに着地するのか Où atterrir?」での実験の様子。Photo: Nicolas Laureau

とって最も難しい決断だ。自分自身を明かすからだ。あなたは自分自身について、もっといえば、あなたを生かしているものについて語り始めようとしているのである。

私が恐る恐る足を載せたこの坩堝《るつぼ》の真ん中はまさに軌道が交差する地点だ――自分自身を軌道**ベクトル**になぞらえる習慣が私にあったわけではない。その軌道ベクトルは過去の自分から始まる――つまり私が存在し成長するために得てきたすべての存在、ときにそうとは気づかずに私が無意識に依存してきた存在、これらを開示することから始まる。そして当然のことだが、そうした存在は、私の失敗のせいで、私もろともその軌道を断ち切られてしまうかもしれない。あるいは、私の生存条件を危うくする存在すべてのせいで、またそれを私が感知しないがゆえに、もはやプラスの未来へとは向かわなくなるかもしれない。私がそれに動揺するのは当然のことだ。そう、この実験は白黒を決めるような極端に純真で単純なものなのだ。しかしそれがまさにこの石蹴りゲームの要点で、他者と協力して判断を下す事項となる。つまり、あなたによって呼び出されたその他者は、「何があなたの生存を助けているのか、何があなたを脅かしているのか、そして最後に、その脅威に立ち向かうためにあなたがしていること、していないことは何か」という質問にあなたと一緒に答えることで、あなたが石蹴りゲームに参加するのを脇から支える。これ以上単純なこと、これ以上決定的なことはない。その通り。だからこそ、そこに描かれる軌道ベクトルはまさに標的に見える。しかもそうした標的を、円の中心に、つまり過去と未来を分ける直線上〔の現在〕に見出すのはほかならぬあなたなのだ。あなたはそこから跳躍せねばならない。「さあここでおまえにできることをやってみろ[27]〔一一九頁〕 Hic Rhodus, hic salta〔ラテン語〕」――ギリシャの寓話作家イソップ〔前六二〇頃～前五六〇頃〕ならそういうはずだ。字義通りの意味でいっている。あなたはそこであなたの**人生を再演する**のである。

まさにそういうことなのだ。あなたがリストに挙げた存在者の名前を一つずつ読み上げると、そのたびに円の周りの参加者たちの中から何者かが現れ、その存在者の「役」を「果たす」。そしてあなたはその登場人物をこの**羅針盤** compass の上に置くかどうか、置くとすればどこに置くかを決める。あるいは、あなたの短い物語の展開に合わせて登場人物を配置し直す。このちょっとした実演の効果は驚くべきもので、あなたは円の中ですぐにも小さな集合体に取り囲まれる。しかもその集合体は、円の周りに座っている他の参加者の前で、あなたの最も個人的な状況を表現する。あなたと関わりを持つ存在者をあなたのリストに加えれば加えるだけ、あなたは自分についてのより明確な定義を自分に与えることになる。記述がより正確になるにつれ、舞台を満たす登場人物の数も増えていく。まさに少しずつ、あなたはこうした**ホロビオンツ** holobionts〔本書七〇頁参照〕――これまで表現が難しかったホロビオンツ――のうちの一つ〔＝あなた自身〕に形を与えていくのだ。円の中にいた一人の女性参加者がこの状況をひと言で表現してみせた――「ようやく私は**再配置** repopulate されました」。

どうすればそうした変化 mutation をはっきりと際立たせることができるのか――「テレストリアル〔地上的存在〕はもはや風景 landscape に**対面**したりはしない」と宣言することだ。他者のために、そして他者を通して、自分たちの相互依存状態を記述しようとすると、足下の地面が立ち上がってきて、あなたはそこで引き倒されたように感じる。テリトリーとは、あなたが占有する何かではなく、逆にあなたを定義づける何かなのだ。「変身 metamorphosis」がこうしたまったく逆の働き方をすることがわかった。今やほぼ正常に見えるのは昆虫に「変身」したグレゴールのほうで、「正常」の立場が故意に作られたように見えるのは彼の両親のほうだ。両親は、自分たちは自由だと思っていたし、グレゴールこそ変身した身体の囚人だと思っていた。しかし実際はその逆なのである。

これまで長く探究されてきた美術史の観点から見ると、昔ながらの人間、近代人は、ある場所に固定されたも同然の状態にあるといえる。その状態はまことに奇妙というほかない。彼らは絵画のような内壁を背景に持つ一つの「箱」の中にほぼ留め付けられている。それは美術館の**ホワイトキューブ**[28]（白い立方体）、美術批評家が求めるホワイトキューブともいえる。近代の絵画には、軌道の途中で突如動きを**止められた**すべてのものが描かれている。それらは見物人による凝視（より正確にいえば、絵画の出来栄えを批評するよう求められたがゆえに、これから見物人に**なろうとしている**人物による

27（一一七頁）「イソップの寓話の一つに、『私はロードス島で行われた競技で、眼が覚めるような長大ジャンプを披露した』と自慢するアスリートの話がある。それを聞いた人が、ではこの場ですぐにおまえの腕前を見せてもらおう――『ここはロードス島だ。飛んでみたまえ』といったのである」（前掲ブルーノ・ラトゥール『ガイアに向き合う』三五九頁、英語版注36）。

28 一九二九年に開館したニューヨーク近代美術館が導入し、展示空間の代名詞として用いられた用語。近代美術は鑑賞体験の純粋性を追求するもので、可変性と柔軟性を特徴とする何もない空間、ホワイトキューブこそ、それを可能にすると見なされた。近代の美術館制度が制度としての「美術」を存続させるためには中立性を担保する象徴的空間が必要とされたのである。

凝視）のもとに静止するよう配置されているのだ。

何とも奇妙なシノグラフィ〔光と音響の舞台装置〕ではないか。あなたは、完璧に近いほど礼儀正しい人〔＝見物人〕の動きを制止し、通りを外れてこちらに向きを変えるよう促す。このときあなたはこの見物人を九〇度回転させ、「箱」に閉じ込め、手足が捩られたままでもじっとしているように指示する。そうすれば、見物人はそこにある「物体 things」が垂直な画板上でどのような形態を取るかを見極めることができる。そうした物体もまた行為の行程を中断され、九〇度回転させられている。物体は存在を長らく維持するよう求められているわけではなく、ただ見物人による凝視に身を任せ、こういってよければ、見物人に自らの最高の横顔を見せるよう促されるだけである。問題の多くはたしかにこの「見物人による凝視」にある。しかし、そこで見物人に押しつけられている歪みは、物体のエージェンシーに押しつけられている歪みに比べれば何ほどのこともない。物体はそうした「見物人の凝視」を逆にうまく受け入れるよう、物体が描く軌跡自体を中断させられているのだから。

「遠近法によって」描いた場合、動きを遮られたそうした物体は、画板の内壁を背景にして自身の大きさに合うよう分布させられる。それは見物人に三次元の空間という錯覚を提供するためだ。内壁の前では、近代の見物人が絵画の出来栄えを批評する仕事に取り掛かる。彼は自身の眼で見て適切なものとそうでないものとを好き勝手に選り分け、もう一つ別の錯覚が生まれるまでそれを続ける。もう一つ別の錯覚とは、「私心を含まない批評ができる美術批評家」という錯覚である。これによって最終的に絵画、テリトリーは二つのピラミッドの間に楔《くさび》留めされたように動かなくなる。二つのピラミッドの一方の頂点は虚像であり、それは無限に遠くへと延びる有名な〔透視画法の〕**消尽線** vanishing line〔物の尽きる線〕に似ている。もう一方の頂点は、もはや凝視すること以外何もできなくなった見物人の眼の中にある。

この場合、もし見物人の前に、たとえば山、湖、日没の太陽、鹿の一群、そして左端に森林といった風景があるなら、そうした「物体」に対する批評のすべては彼に、ただ彼だけに委ねられる——太陽は「うまく表現」されているか、湖は「もう少し明るく」ならないか、鹿の一群は「もう少し拡散」させたほうがよいのではないか、森林の暗さは「大いなる雄大さを呼び起こす」のではないか。森林、太陽、湖、動物、空の関係性すべてが**彼を通して、彼の利益のためにだけ**構築される。批評や判断を行うのはあくまで見物人とするわけだ。しかも、彼の前に留め付けられているものが何であろうと一切関係ない。昔の大家の作品であれ、産業開発プロジェクトの見取り図であれ、戦闘計画の地図であれ、大空からの眺めであれ、舞台の一シーンであれ、どこかの王子が支配を目論む王国の地図であれ、皆同じだ。フレデリック・アイト＝トゥアティ〔現代フランスの演出家、歴史学者〕が私たちに教えてくれたように、「対面」するものが何であれ、それは**風景** landscape、つまり一七世紀のヨーロッパの**発明品**なのである。主体〔今や見物人は「主体」となった〕がホワイトキューブを離れることはない。そのキューブから風景の形をした幻影が現れる。そして明らかに主体の反対側には、対象という様式を取る物体〔今や物体は「対象〔客体〕」となった〕が、ある意味では主体にお誂《あつら》え向きの形で配置される。これはフィリップ・デスコラ〔一九四九〜、フランスの文化人類学者〕が再構築した重要な場面

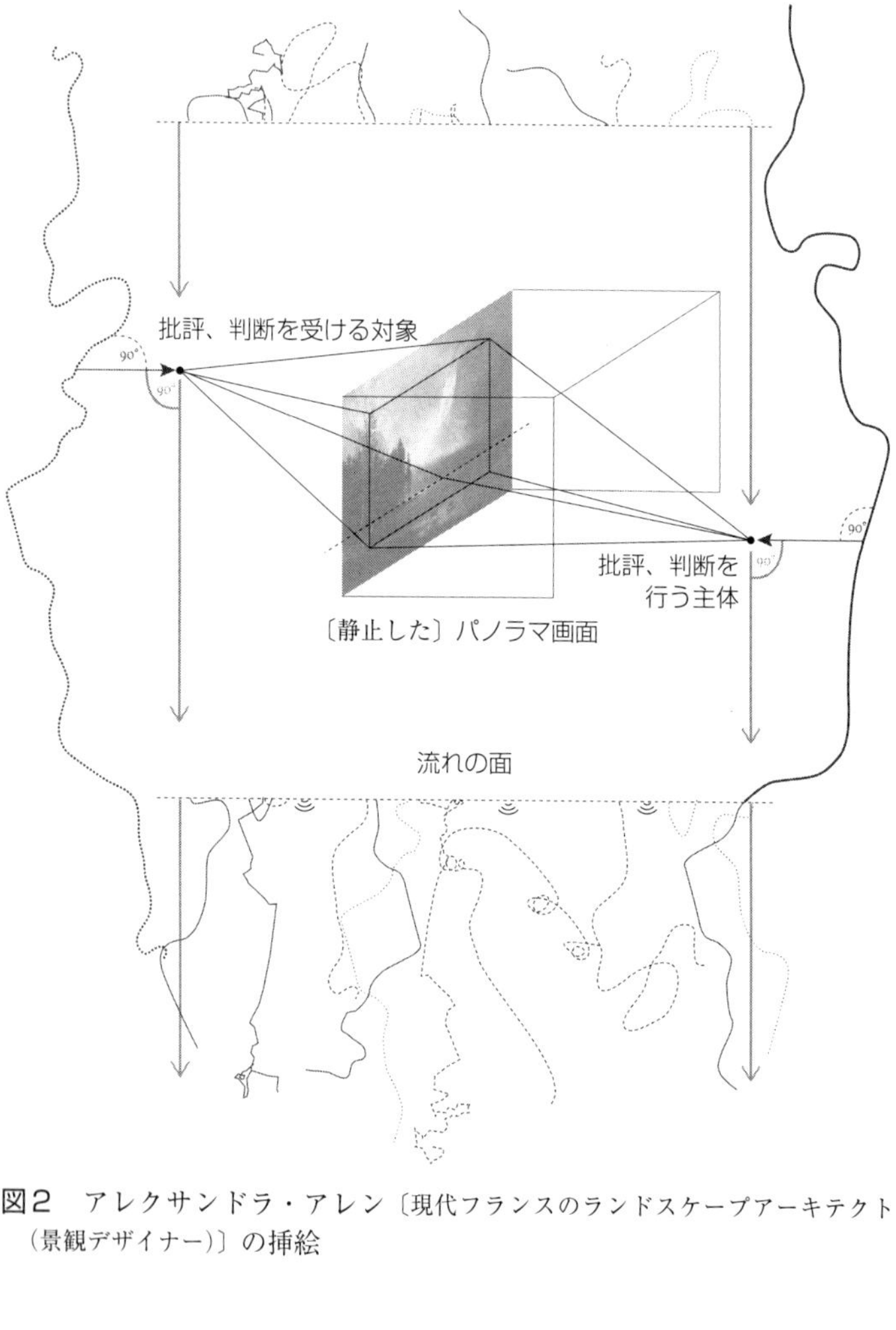

図2　アレクサンドラ・アレン〔現代フランスのランドスケープアーキテクト（景観デザイナー）〕の挿絵

である——「箱」に固定されたままの人物〔＝見物人〕が、**自然化された**対象に「対面」する**自然主義者としての**主体となるのである。それこそがこの物語の奇妙なところだ。すなわち、「自然Nature」は主体のためにだけ存在し、その主体はこの「箱」に閉じ込められたままとなる。主体と物体はどちらも昆虫採集用の引き出しに二本の細針で留め付けられた「蝶の標本」のようなものだ——青い縁取りのラベルに黒インクで書かれたその標本名は「近代の主体／近代の対象」である〔図2〕。

だが、そこからロックダウンのもう一つの逆説的結果が見えてくる——ロックダウンによって私たちが抜け出すことができたのはまさにそうした「箱」だということである！『変身』という表題は反転させて読む必要がある。再び「動ける形態animated form」を獲得したのはグレゴールのほうで、彼の両親はそれ自体留め付けられている対象の前に固定された主体、という状態を維持している。両親は、ありえない立場にピン留めされているのだ。

実際、この場面の「主人公」〔「箱」に閉じ込められてきた「近代の主体」〕が動きを取り戻し、今一度九〇度回転したとすれば（ただし今回は**正しい方向に回転**〔方向転換〕し、物体の行為の流れの中に戻ったとすれば）、どのような結果になるだろうか。しかもその物体も自らの航跡をたどり、「他者によって表現されるだけの存在」であることをやめたとすればどうなるだろうか。おそらく喜び勇んだ大奔走が「対象〔客体〕」の側に起きるだろう。彼ら、すなわち森林、湖、山、鹿、地面は依然としてそこに存在する。ただ彼らにとって良いこと、悪いことを、「主体」を通して決める必要は**なくなる**。自分たちを少しでも長く生き永らえさせる方法を、今一度**彼ら自身が**、**彼ら自身のために**見出すのである。それは凍結していた川が今一度、解氷期に入ったようなものだ。これこそ**自然主義の終焉**である。

「主体」の側も閉じ込められたままではいない。もちろん主体である彼の身体は、初めのうちはいくらか固い。訓練が足りないからだ。しかし直《じき》に柔軟さを取り戻す。彼は**再配置** repopulate され、いきなり走り出し、他の生き物 lifeforms と同じ動きを取るようになる。他の生き物に押され、突つかれながら、それでも自らの行為の流れの中で、彼が依存している存在を横からぎゅっと摑む一方で、彼に依存している存在の運命をその場その場でその都度決めていく。それは、家の前を通り過ぎるデモ行進をただ眺めるだけだったあなたが、デモへの参加を自ら決めたようなものだ。それまでただの見物人だったあなたは、今や騒々しい興奮状態にある群衆と同じ歩みを止められない。またあなたは、あなたがリスト化した存在者のそれぞれと「発生に関わる関心事 engendering concerns」を共有する。そこでのあなたは、自身が物体と「対面している」とは考えない。それは正しい。もはやあなたは、昔ながらの「対象（客体）」の前に置かれた昔ながらの「主体」のように対象の力学の外側で生きているわけではないのだ。これこそ**人間中心主義の終焉**である。

私たちはいつでも絵画を描くことができる。ただ、そのイメージ化の方向と実際の抽出の仕方 sampling mode は常に同じにはならない。もはや私たちは、再び動き出した存在者に対し、彼らの行進を中断するよう要請したりはしない。そのような行為は魚梯〔魚が滝、堰などを上れるように作った段ばしご〕で産卵する魚に向かって、カメラの前で愛想よく微笑むよう要請するのと同じだろう。そんなことはしない。むしろそこで要請されているのは、あらゆる軌跡が絡まった時系列画像の中から、生き生きした部分をセンサーで特定し、編集用**カット**として切り出すような手法だといえよう。そう、この一枚の絵画の中では鹿は動いているし、太陽は沈んでいる。森は切り払われている。そしてもう一枚の別の絵画の中では、柵が設けられ、木々が再移植されている。乳牛もいるし仔牛もいる。空は雨模様だ。ただ、そこで記録されているのは時計で計った時間の経過ではなく、生き物 living things が生き続けるために下した決断を、一コマ一コマの静止画としたものである。

これらの生き物 lifeforms **の間には**——これがすべての差異を生み出す——、**再配置** repopulate された登場人物が羅針盤を使ってたどらねばならない様々な脇道がある。今後彼もまた、他の生き物 lifeforms と同じように、この群衆の中、この流れの中、このデモ行進の中で自身の運命を決めていかねばならない。彼は森林を伐採から救ったのか。柵の設置を正当と認めたのか。森林再生を促進したのか。湖の水質維持を図ったのか。いや、そうした行為をしたのは走り去った鹿のほうではないのか。気候変動を耐え忍ぶことができなかったカラマツのほうではないのか。渇水によって水位が下がった湖のほうではないのか。**平行して**同じ問いがすべての生き物 lifeforms に振り向けられる。彼らは皆、「箱」を逃げ出し共に流れながら、集合しては別れる。もはやそこに描かれるのは、無限を目指して延びる**消尽線**ではなく、**生命線**だろう——それは音楽家のシャンタルが**フーガ**（フランス語で fugue は音楽形態の遁走曲を意味するとともに、家から逃げ出すこと〔家出〕を意味する）と呼ぶものである。

再配置された登場人物はその状況の中で格闘する自分自身を見出す。先行者と継承者を**再発見する**

権利を彼は持つのだ。今後彼が少しずつ再構成するテリトリーは、もはや彼に帰属するのではなく、彼のほうが**テリトリーの判断のもとに置かれる**。サラ・ヴァヌセム〔一九七八〜、フランスの法学者〕なら、テリトリーはそれ自身がその持ち主となった――あるいは再度そうなった――というだろう。[29]それこそが地球（大地）の**ノモス**〔本書注12参照〕というものだ。「変身」は実際に起きたのである。石蹴りゲームの参加者は風景に「対面」する「主人公」であることをやめ、先行者と継承者との間で下される決断の**ベクトル**へと変わった。この**二つの間**で、この軌道の交差地点で、この坩堝の真ん中で、今や彼の運命は多くの生き物 lifeforms の運命と絡み合う。彼はそれらの生き物の**多産**と**不妊**を決める能力を持つ者として評価されるだろう。彼は石蹴りゲームに耽りながらあちこちを飛びまわる。彼の運命――地球か天国か――は、まさにそうした場で決まるのである。

そしてそうした場でこそ、「変身」という言葉はその約束を果たし始める。ただしそれが可能になるのは、カフカの『変身』の物語を逆読みするという条件つきである。さて、私たちが個人を昔ながらのやり方で位置化する localize ためには、個人に対立するものとして、個人を押し込める状況（その状況と比較すれば個人などほとんど無意味だといえてしまうもの）をそこにつけ加える必要がある。つまり、個人としての自分自身と状況とを切り離すことが要点なのだ。それが「カフカ的な Kafkaesque」〔カフカの作品を思わせるような〕という形容詞の通常の意味だ。これに対して、自分を**再配置**することを学んだ人間であれば、彼が依存し彼に依存するもののリスト〔存在者のリスト〕の項目を増やしていくにつれ、彼は次第に具体的な特定の存在に変わっていく。そこに、ホロビオンツの逆説の全体、連合の社会学の逆説の全体がある。つまりこういうことだ。誰かと徐々に親密になるということは、彼がその親密な誰かの方向にこれまで以上に動いていくことを意味する。そうすると、個人としての彼は限りなく無に近くなり、自分を支配するものすべての遠大さの前で無力を感じずにはいられなくなる。ところがその彼、そのアクターネットワーク[30]、そのアクタント[31]としての人民actant-people、そのホロビオンツは、彼のリストに載った項目の数が彼の行為の行程（彼の履歴書）の中で次第に増えていくにつれ、自分に翼が生えたと感じるようになる。リストの項目は実際、拡散し増殖していくのだ。そこには「自由を生み出す束縛」という逆説がある――個人が他者に依存すればするほど彼の自由度は低くなるが、その分だけ行為の範囲は広がるのである。彼が自身の翼を広げようとすれば、自らの限界に直面し、うめき声を上げ、寄る辺のない情熱に翻弄される――このとき

29 サラ・ヴァヌセムは自著の中で、所有権を「個人の、モノに対する権利」と見なす必要はなく、近代法、特に古代ローマや中世に起源を持つフランス市民法においてはむしろ、所有権という概念は共有地 common に関わるものであった点から、「場所に権利を帰属させること」は可能だと議論した（Sara Vanuxem, *La propriété de la terre*［地球の所有権――土地自体は権利を有するのか］, Wildproject Éditions, Paris, 2018）。ヴァヌセムの主張によれば、そもそも私たちのノモス的伝統（本書注12参照）には先住民族やエコフェミニストの革新的見解に共通するものがあり、ノモスを経由することで私たちは最終的に近代的な西欧的な所有権の理解から離れることができる。ラトゥールが「テリトリーはそれ自身がその持ち主となった――あるいは再度そうなった」としたのはそうした意味である。

30 人間と非人間を同位のアクターとして扱うことで形成されるネットワーク。

31 アクタントはアクターと同様に、非人間を含めた他者の振る舞いに影響を与え、これを変化させる存在を意味する。

個人にできることはほとんど残されておらず、ただ憤りを感じるだけだ。しかし、彼が伸びをして自らを**再配置**し、いくらかの距離を取って、言葉の厳密な意味で自らを**撒きちらした**とき、自身を分配し、混合し、かつて想像もしなかったような行為の力をまさに一歩ずつ、回復するのだ。明らかに「モンスターのような昆虫」は人々が想像したようなものとは違う！　自由に飛び発つのはグレゴールのほうで、「箱」の中でやせ衰えるのは両親のほうなのだ。

　このような類の羅針盤は、単にそこに立つすべての人を**方向づける**だけではない。この羅針盤は、破綻した発生の原則を**修復もする**。かつて存在した「近代の主体」は、**空間の中で自分がどこに立てばよいのかわからなかった**。この「主体」は、同じように困惑する「対象」に「対面」するために、手足全体を捻じ曲げられ、動きを禁じられ、まさに半盲状態に置かれていた。そして、そこでの「対象」は、吊るされたまま放置され、群衆の凝視に晒され、堕落物と見なされた（それは、ルイ・マルタン（一九三一～九二、フランスの哲学者、歴史家、記号学者）が引用した例でいえば、サロメの皿に置かれた洗礼者ヨハネの首のようだった）[32]。また、「近代の主体」は**時間の中で自分がどこに立てばよいのかわからなかった**。ホワイトキューブに自分をぴたりと嵌め込むためには過去と訣別せねばならなかったからだ――（時間の中を）通過する行為とも訣別せねばならなかった。しかも「断固とした近代人」になるためには、空間や時間との根本的訣別だけでなく、**通過の手段も捨てねばならなかった**。これにより「近代の主体」は、下流だけでなく上流に向かう手段も喪失し、自身が迷子になったと感じた。そんなときに必要な行為の源を見つけようとしても、元来た道を戻ることさえできない。彼（＝近代の主体」の苦悩の元はそこにあった――元来た道を戻る誘惑に負けないために、また「反動的」と見られる危険を冒さないために、彼は自分が通ってきた**橋を焼き払った**のである。未来は過去を悪夢に変え、未来と過去の間に架橋さえできない深い裂け目を作り出した。恐ろしいことに、この「近代の主体」は、それがどんな結果をもたらそうと前に進むことしかできない。だから性懲りもなく過ちにしがみつくことしかできない。悪魔の仕業といってよいものにしがみつくのだ。どう見てもそうだろう。彼はもうこの世界で何も経験することなどできないのだから、**生き抜くことを不可能にしている**のは間違いなく彼自身である。「登場人物を羅針盤の上に置く」あの石蹴りゲームの装置は、まさにそうした裂け目を埋めることを狙ったものである。

今や時代遅れの近代の進歩主義者は、テレストリアルに出会ったときにはいつも、「古代穴居人のみすぼらしいろうそく生活に戻ったようなものだ」といってテレストリアルを責める――何とも失笑せずにはいられない話なのだが。たしかに、近代人が元来た道を戻らないと決めて橋を焼き払ってしまえば、火事で破壊された小屋の中にはほんの数本のろうそくしか残っていないだろう。しかし、だからといって、私たちテレストリアルがばらばらの残骸物になっているわけではない。「古代人に戻った」といって私たちを責めるのは大いに結構だが、私たちは単に、「近代化」という斧を使うこと

32 新約聖書によれば、幽閉中の洗礼者ヨハネに恋したヘロデス王の継娘サロメは、義父の誕生日に彼の前で舞い、褒美にヨハネの首を得て狂喜したと伝えられている。

にまったく慣れていないだけだ。だから、私たちの**後戻り**を止めるものは何もない。私たちは、上流で私たちが依存し、下流で私たちに依存するすべての存在者の「発生に関わる関心事」を決して無視することはない。私たちにとってこの二種類の存在者は最終的に今一度つながる。近代人が嫌悪してきた言葉「伝統」を私たちは恐れない。むしろ私たちはそれを、創造するための力、次へ進むための力、継続するための力と同義と見なす。私たちは近代化の剣《つるぎ》が一刃のもとに断ち切ってしまった「ゴルディオスの結び目」〔難問〕を再び結び直そうとする。しかも、生き物 lifeforms が生き続ける方法を今一度思い起こすことで、それを成し遂げようとする。あなたはこれまで地球を離れたことなど一度もない。ガイア以外の「羅針盤の針」を手にしたことなど一度もない。あなたは依然としてアダムの末裔、人間 human beings である。あなたは、積み込みすぎてあふれ出す、多面性を保ちながら重なり合う腐植土 humus のような塵《ちり》から出来ている。おそらく最後にはあなたは、あなた自身の行為がもたらす予測不可能な結果に対し、**反応する力**を身につけるようになるはずだ。

10

死したる身体が積み上がる

風景は再び動き出すことができる。経済は結局、表面的なものでしかない。ガイア Gaia の振る舞いは、あの有名な「不活性な物体 inert things」――「自然 Nature」の仮想的集合体――の振る舞いとはまったく違う。ところが、そうであるにもかかわらず、そして私たちの多くがそれに気づいているにもかかわらず、多くの医師たちは、私が「生物学的身体 biological body」〔部分から全体を構成する物質としての身体〕を「持つ」存在であることを私に思い知らせようとする。これは実に奇妙なことだと私は思う。

ある月曜日、私はパリのピティエ＝サルペトリエール病院にいた。パクリタキセル〔抗がん剤の一種〕の点滴を受けるためだ。翌火曜日、優秀な鍼灸《しんきゅう》師が――実際、本人は「達人」と自称している――、私のふくらはぎに熱い鍼《はり》を打った。それは山ヨモギの甘い匂いを漂わせた。水曜の朝、気功コーチのレイティシア・シュビヤーは私が自分の右足にエネルギーを送り込めるように、ゆっくりした呼吸法を教えてくれた。その日の午後は、腎臓専門医が今度はピティエ病院の反対側の建物で、私のカルテをオンラインで検討し、私の腎臓がようやくうまく機能し始めたと診察結果を知らせてくれた。それから金曜日に私は、別の専門医、心臓専門医に改めて掛かった。彼はＣＴスキャンで検査をしたかったようだが、私の心拍数を安定させるためにはまず二種類の薬を追加して様子を見ましょうと告げた。心拍数が高すぎて検査不能だったのである…。こうした経験は一般には至極日常的なものといえる。しかし、前章で「風景の反転〔再配置〕」〔本書一二四〜一二五頁参照〕について学んだことをもとにすれば、ここではやはり、私の身体を自由にする話から始めるべきではないかと思っている。ロックダウンを経験したおかげで、私たちは自分を完全に解き放ち、形而上学全体を取り替えたいという衝動に突き動かされることになったのだから、なおさらそうだろう。

仮に、「物質」を基盤——疑う余地のない基盤——とする「生物学的身体」を私が「持つ」と認めたとすれば、その身体には当然、内部から見た「**生きられる**身体 lived body」、すなわち主観性もセットで加わってくることになるはずだ。この「生きられる身体」は、以前から「心身症的な psychosomatic 心理効果のもとにある」として説明されてきたものだ——たとえば、「不安のせいだろうか、あなたの鼓動は早すぎる」といった説明や、「鍼灸師の鍼は再分配されたエネルギーの内部感覚を通して作用する」といった説明がこれに当たる。もっとも、これまで私が理解したところでは、そうした形で身体の価値を分配することは、地球 Earth に対する理解を醸成することにはつながらない。地球に見られる「物質性 materiality」は昔ながらの〔抽象的な〕「物質」とは組成が違うからだ。

もちろん莫大な費用と「人的資源」を大量に投入すれば、私たちはそこらじゅうに「宇宙」の小さな貯水池のようなもの、その断片、一種の連結を創造することはできる。しかしそのようにして造られた貯水池は、デカルト以来の哲学的伝統が発明した「**延長を持つ実体** res extensa」〔本書注21参照〕のような、切れずにつながった織物の形を取ることなどない。数が十分でないし、そこに十分な自立性autonomousがあるわけでもないからだ。ともかく「延長を持つ実体」のようなものはクリティカルゾーン〔本書注8参照〕には存在しない。あちこちに造られているそうした「宇宙」の貯水池は、海に浮かぶ群島、ヒョウの毛皮、パッチワークのマントに類した、いわば斑点のようなものでしかない〔本書五一～五二頁参照〕。これに対して、テレストリアル〔地上的存在〕の世界で生じる流れはすべて、相互に連結した生き物living thingsから構成される。すべてが行為の沈殿物で絡み合っているのだ——山と海洋、空気と大地soil、都市と廃墟。

表面〔上辺〕と深層〔深部〕、前景と中景を混同するとは、たとえばアグリビジネス〔農業関連産業〕を通せば、ある特定の土壌の構成は簡単に明らかになると思い込むようなことだ。実際には、今日、ほとんどすべての人々がアグリビジネスをめぐる表面と深層について理解している。アグリビジネスが行っているのは、様々なものを土壌にインプット〔投入〕し、有害な結果すべて〔毒を盛られた農民、加速する浸食作用、富栄養化した河川、絶滅の危機にある昆虫〕をアウトソーシング〔外部化〕することだ。そうすれば一時的にはたしかに、容易に生産性を上げることができる。しかしアグリビジネスが利用するそうした特定の田畑は、最終的には放棄され、排除され、**地表を離れた**軌道aboveground orbit の中に放り込まれる。そこにはどのような風景が残されることになるのか。その奥深い性質を暴くといった話は措くとしても、こうした強奪が何を意味するかはますます明白である。しばらくの間、それは他者による、また他者のための**土地収奪**、あるいは暴力的な没収ないし占領の形を取る。しかもその他者は結局どこか別の場所へと逃走し、後に残されるのは荒廃した表土だけとなる。ときどき、数メートルしか離れていない土地同士の間で、一方はアグリビジネスによって掘り上げられ、空中に放り出された田畑、もう一方は多くの生き物 living things によって構成され、厚みを増し、休眠状態に置かれた土地といったケースを見かける。二つの土壌の違いを知りたかったら、農学者に付いて行って土の匂いを嗅ぎ分けてみることだ。私が「匂いを嗅ぐ」というとき、それは掌《てのひら》にのせた土塊《つちくれ》の転がし方を見せてくれた土壌学者に倣って、実際に鼻を使って嗅ぐべきだということをいっている。

そう。これは、「連続的なもの」と「非連続的なもの」の再分配や、「前景にあったもの」と「中景にあったもの」との反転に関わる問題なのである。そもそも「**延長を持つ実体** res extensa」（デカルトの哲学的作品〔『省察』一六四一〕の初登場以来、世界の深層と定義されてきたもの）は、その名にもかかわらず、ローカル〔局地的〕にしか、つまり私たちの行為の行程のある範囲にしか、または部分を超えるくらいにしか**自らを延長できない**のだ。農業で見た場合、「延長を持つ実体」は、バルザック〔一七九九～一八五〇、フランスの作家〕の小説の「あら皮」[33]が減っていくのと同じように、つまり資産が縮小していくのと同じように、「近代農業」という表現が過去のいいわけに聞こえてくるまでひたすら縮み上がっていくということである。

ところで、月曜日の腫瘍専門医、水曜日午後の腎臓専門医、金曜日の心臓専門医はなぜ、私の「生物学的身体」、**一つの同じ身体**から三つの別個の器官を見つけ出したかのように振る舞うのか。また私はなぜ、火曜日の鍼灸師や水曜日午前の気功コーチに対し、自分の「心理」について、あるいは「松果体」〔脳に付属した内分泌器官の一つ〕を経由して何やら神秘的なやり方で導き出される効果（同じくデカルトのもう一つの魅力的な発明〔＝思惟する実体 res cogitans。デカルトは松果体を精神の座とした〕）について説明しようとするのか。結局、彼らの指南する行程を私が正確に歩んだとしても、実際に彼らが走破した連続体といえば、彼らが大真面目で検索したオンライン上のデータベースだけなのだ。それゆえ私の印象では、私の身体器官と見なされたこの連続体は、やはり**地図**のようなもの（別の手順――鍼あるいは呼吸法――を使って接近可能な身体という、かなり表面的な**テリトリー**〔本書注22参照〕に基づくもの）として受け取らざるをえない。ここでは、田畑だろうが身体だろうが同じことをいっている。結局、生物学者が捉える表面的な差異では、私の身体が持つエージェンシーを表現しきれない。それはアグリビジネスが土壌の振る舞いを表しきれないのと同じである――そこでもまた、

33 同名のバルザックの小説『あら皮』（一八三一）は、貧乏な青年があら皮をもらい、様々な幸福を得るがその度に皮は小さくなり、ついに無くなると同時にこの青年は死ぬという筋。「あら皮」は幸福の代償として減っていく物質的・精神的資産のこと。

地図は、下界〔＝地面〕から見るテリトリー（したがって正道を通って記述した場合のテリトリー）とは異なるものなのだ〔本書第8章参照〕。

私は何も、医学の力について疑問を差し挟んでいるわけではない。ばかげた還元主義だと批判しているわけでもない。地球について私が学んだことを私の身体にも適用しようとしているだけなのだ。大宇宙 macrocosm と小宇宙 microcosm の昔ながらの比較法を蘇らせようとしているわけではないが、それでも両者の類似性については何とか理解しておきたい。私たちは「不活性な物体」に遭遇したことなど一度もない。それが事実なら、私たちが「不活性な自分の身体」に遭遇したことがないのは、さらに確かな事実だろう。私は何も、「医者は肉屋が肉を切り分けるように私の身体をバラバラにし、鍼灸師や気功コーチは私の身体を『全体主義的』に**そっくりそのまま**把握しようとしている」と文句をいっているわけでもない。ガイアがまとまりのある全体でないのと同じように、私の身体もまとまりのある全体ではないし、地球が「生きている組織体 living organism」でないのと同じように、私の身体も「比類なき組織体」などではないと主張しているにすぎない。身体を「全体として」捉えようとすることは、そこから取り出されたものを「部分として」機能的に捉えようとすることと同じで、意味がないことだ。孤立した「一ポンドの肉」が意味を持たないなら、「身体の全体」も意味を持たないのである。ほとんどの生き物 living beings は単独性 uniqueness、縁《へり》 edges、境界 boundaries といったものを持たない。それはもちろん、部分についても全体についてもいえる。そうした性質こそ「**ホロビオンツ** holobionts」〔本書七〇頁参照〕という言葉で捉えようとしているものなのだ。要するに、定義として従属栄養生物〔本書六四頁参照〕は、自らが依存するものたちを安定させることはできない。従属栄養生物にアイデンティティを与えて見ればよい。アイデンティティを与えられた従属栄養生物は、必然的にすべての存在者 beings〔＝生き物〕――権限を与え合い、競い合い、援助し合い、一時的な薄膜を作り上げているすべての存在者――との関係を狂わせてしまうだろう。このことは、「心臓」や「腎臓」といった存在にも当てはまるし、「アストラル体 astral body」〔神智学の体系で、精神活動における感情を主に司る、身体の精妙なる部分〕「エネルギー領域」「霊気《オーラ》」「鍼のツボ」といった存在にも当てはまる。ロックダウンがもたらした大いなるメリットは、明確な境界線を持つ縁《へり》 edges から私たちを解放したことなのだ。

グレゴールよ、私を助けに来てくれ。あなたの両親は「生物学的身体」に加えて「心理」を持つ。それはよくわかった。ただ、変身を遂げたあなたは、今後一〇〇年間を地球内で生き延びるために、どのような身体に自身を馴染ませていけばよいのか――私はそのことを何としても知りたいのだ。

すでに気づいてはいたが、地球に訴えるようになってから「生物学的」の意味が少し変わってきた。「生物学的」なものが、今一度、道具、実験室、検査、データベース、調査、臨床治験に依存するようになり、その場の標本、部分的なデータ捕捉、アクセスプロトコル[34]に**還元される**ようになった――

34 アクセスプロトコルとは、コンピュータでデータをやりとりするために定められた手順や規約、信号の電気的規則、通信における送受信の手順などを定めた規格のこと。

そのうちの一部は予測通りに機能し、他はそれほどでもない。これが「還元主義 reductionism」という用語が持つ唯一有用な意味である。すなわち、何であれ実験手順を通して把握可能にすることが「還元」である。とすれば、これらの島々、これらの群島、これらのスポラーデス諸島〔エーゲ海北西部にあるギリシャ領の諸島。Sporades は「散在する島」の意〕の間には多くの切れ目、非連続体が存在することになる〔高額をかけて地上に作られ辛うじて維持される「宇宙の小さな島々、群島」同様、「抽象的な身体」も道具、実験室、検査、データベースを使って作られ維持されている。それらも結局は、つながっていない島々、群島なのである。本書五一〜五三頁参照〕。私たちはこれらの島々、群島に、多数の職業人、組織人、コーチ、鍼灸師、魔術師、酷評家を何の苦もなく寄り添わせることができるし、そのそれぞれに独自の道具、論理、野心を持たせることもできる。ところがどんな島々も、身体という経験を「取り扱う」ことはできないのだ。さあこれで、すべての者に場所が開かれた。

しかしながら、それでもやはり、身体という経験の流れをどう記述するかについては何もわかっていない。結局、私の身体を診てくれる、数々のこうした職業が際立ってくるのは、そうした経験の流れに向き合った後のことなのだから。ともかく私は、「ガイアの中に、ガイアと共に閉じ込められた状態で生きる経験」と、「私の身体の中に、私の身体と共に閉じ込められた状態で生きる経験」との間に融和性が保証されるよう、記述を進める必要がある。実際、「もはや地球を離れることはない」という状況に自分を慣れさせる一方で、自分の「生物学的身体」から離れてどこか別の世界――よくはわからないが――で「本当の私」になることを理想に掲げ、「たぶんそれは可能だ」と主張することが意味を持つとは到底いえないのである。

かつて私も、様々な現象を「**内部**」から主観的に捉えることを意味して、「生きられる身体 lived body」という表現を使っていた。また、私のこの「実体的 real 身体」、この「客体的 objectified 身体」、この「具象的 reified 身体」については、人々〔＝近代人〕が以前そうしていたのを踏襲して、相変わらず「生物学的身体」と捉えていた。しかし今は次のことを指摘しておきたい。私の周り〔そして私の内部〕には実に多くの生き物 living things が一時的とはいえ、かなり耐久性のある形で集まっていて、私の自己存在〔生命〕を少しでも長く維持するよう働き続けている。今はそれを表現するためにこそ、「生きられる身体 lived body」という用語が使えるようになればと思う。がんに罹患するという経験には興味深い側面がある。一連の存在者 beings〔＝生き物〕のうち、残りの存在者と比べてより高い自由度をもって我が道を行く二、三の存在者について、そしてその独立性について関心を抱かせてくれるからだ。これらの存在者は微小で接近が困難、悪賢くて頑固、そして何よりも、他のすべての生き物 living beings と同じように自らが与えた法 law に従う。**独自の** sui generis、あるいは自己原因的 cause in itself といった言葉は、すべてのエージェンシーに、そしてガイアに使われる大変優れた用語である。〔地上を埋める〕このホロビオンツの大群、すなわち重なり合い、絡み合い、相互に依存し合う数十億のエージェンシーは、それぞれが自身の生を持ち、自身の選択に合わせて持ちこたえるか消えるか、発生するか一掃されるかの運命を生きている。さあこれで、「生きられる身体」「生き物の身体」「生きた結果としての死する身体」は、私という存在の物質性 materiality そのものを表すようになった。それは私の**外部**についても、また私の**内部**についてもいえるし、以前の「客体的身体」についても、また以前の「主観的身体」についてもいえる。もし私の呼吸している酸素が細菌由来であるとすれば、酸素を呼吸する私の肺は、こうした果てしなく続く系統〔クリティカルゾーンを生み出してきた先行者と継承者の潮流、本書三七頁参照〕が一つの幸運だといわんばかりにしっかりと捕捉したものだといえよう。そして私自身についていえば、私が「私の身体」と呼ぶ「この大波」にしばらくでも波乗りできることは、やはり何よりの幸運だといえる。

この「生きられる身体」を持つことこそ、**経験の持続性**を保証する優れた方法なのではないか。あるいはイザベル・ステンゲルスがいうように、「常識を取り戻す」優れた方法なのではないか。それが、前世紀の、偉大なもう一つの哲学的伝統、ウィリアム・ジェームズ〔一八四二～一九一〇、アメリカの哲学者〕やアルフレッド・ノース・ホワイトヘッド〔一八六一～一九四七、イギリスの数学者、哲学者〕が先導した伝統の背後にあるインスピレーションである。[35]「生きられる身体」を持つとは**影響を受ける**ことを学ぶことである。「身体」の反対語は「魂」でも「精神」でも「意識」でも「思考」でもなく、「死」ということだ。それはガイアの反対語が「火星」、あの「不活性な惑星」であるのと同じなのである。しかし、まさに「もう一つのもの alternative」「反体制のもの」としてあり続けたこの〔ジェームズ、

35　近代の主流となる哲学的伝統が、「自然の二元的分裂 bifurcation of nature」〔ホワイトヘッドによる概念〔本書注54参照〕。モノと心、客体と主体を分離〕を前提とするものだとすれば、ジェームズ、ホワイトヘッドが先導したもう一つ

の伝統は、二元的分裂を二次的なものと捉え、人はそれ以前に「未分化で複雑な経験」が直接与えられるとし、その認識をもとに、ロック（一六三二〜一七〇四、イギリスの哲学者、政治哲学者）的経験主義とは異なる新たな経験主義、さらには「有機体の哲学」を展開することになったものである。

自然の二元的分裂とは対象の特性を第一次性質と第二次的性質（「前者は宇宙を形づくる構成物質で、眼には見えず、科学によって明らかにされ、実体 real だが価値を持たないもの。後者は人間精神が前者を理解するためにそこに付加するもので、常識を形づくるが、科学には役に立たず、人間の想像や価値のもととなるもの」Bruno Latour, 'What is Given in Experience? A Review of Isabelles Stengers "Penser aveec Whitehead"', *Boundary* 2, vol.32 n°1, spring 2005, pp.222-237［本書注21も参照］）に分割することを意味するが、「もし自然の二元的分裂が事実なら、『有機体 organism』は生存しえないことになる。なぜなら有機体として存在するという意味は、その第一次的性質と第二次的性質がどこまでも混じり合っていることだからである。私たちは結局、多くの有機体に囲まれて生きている。とすれば自然が二元的分裂をするはずはない」（同上書 p3）。もし自然が二元的分裂をしていないとすれば、どのような形而上学が可能なのか。それを考えたとき、ホワイトヘッドは物質 substance に代えて有機体 organism を中心に据えるべきだと考えた。「物質はそれ自体で持続するし、属性によって表される。一方、有機体は自らの存在を持続させるために彼らの生存を可能にする他の存在と相互作用し、自らをリスクに晒しながらも自らを再生産していかねばならない」（同上書 p3）。有機体はそれをどのように成し遂げているのだろうか。有機体の経験に与えられているものとは何かを、ホワイトヘッドは問うことになる。さて歴史的に見れば、同様の企てはフッサール（一八五九〜一九三八、ドイツの哲学者）、ハイデガー（一八八九〜一九七六、ドイツの哲学者）らの現象学でも行っている。ただし、彼らもロック的経験主義を離れ、豊かな人間経験に迫ろうとしたが、経験領域にのみに話を限定し、そこに「意図性 intentionality」なる概念が作用すると議論した。彼らは科学を手放し、それを二元的分裂に委ねたままとしたのである。一方、ホワイトヘッドにとって人間経験における与件とは、人間の意図性の単なる産物ではないコスモス、すなわち「生きられる世界 lived world」であった。ホワイトヘッドは、私たちの経験について科学が何をいえるのかを重視し、それに答えようとしたのである。

ホワイトヘッドらが生み出した〕感嘆すべき伝統は、実証主義の恐るべき国外追放の中で見失われ、「大加速 Great Acceleration」[36]の大騒音の中で聞くことも難しくなった。今日、その姿が再び現れ、その声が再び聞こえてくるとすれば、それは私たちの経験が今一度、発生に関わる――この地上特有の vernacular――経験になったからだろう。「大宇宙」は「小宇宙」が生まれ変わるのを促している。もし発生に関わる実践が持続性を保証するとしたら、それは原因‐結果の関係性の再演を通してではなく〔実際には、そのような関係性は常にローカル〔局地的〕なものだ〕、その実践が行為の行程のあらゆる割れ目 hiatuses や細部の中に、創造性の瞬間、創造性の空間、創造性のインスピレーション、そしてときには創造性の小爆発を滑り込ませるからだ。そうした創造性こそが、最も日常的な企み――細胞の、遺伝子の、従業員の、医師の、ロボットの企み――に、耐え凌ぐ力とともに行為する力を少しでも長く保持させようとするのだ。フェミニズムの多様な焼き印を通して、身体〔**私たちの身体、私たち自身**〕に対する要求は徐々に広がり、「**延長を持つ実体** res extensa」の隙間 interstices のすべてに滑り込むまでになった――これがこの半世紀をかけて起こったことだ。人々は最初に批判的なやり方でそうした身体を手に入れ、次いで徐々に舞台の中央を占拠していった。しかし最後にはガイアとの恐るべき共鳴のおかげで、身体は世界を構成する織物に変貌し、新たな初期条件となった。私たちは皆、男も女も、発生し死する身体である。そうした身体は、同じように発生し死する、あらゆる大きさと系統を持った他の身体に、その生存条件を委ねているのである。

11 民族〔人民〕生成論 ethnogeneses へ回帰する

ロックダウンの厳しい試練を通して、テレストリアル〔地上的存在〕は自身の居場所を懸命に見出そうとしている。徐々に自分たちの位置 bearings を正確に把握できるようになり、ようやく動きまわれるようになった。そして自身の測定基準を編み出した。試行錯誤を繰り返しながら、自分が依存するものについて綿密な探査を行い、発生に関わる実践にも事細かな注意を払った。彼らテレストリアルはとうとう「生きた結果としての死する身体」も手に入れたのである。ところがそこで新たな問いにぶつかった——〔近代人から脱した〕自分たちのような者はそこにどれくらいの数がいるのか。果たして他の社会にも自分たちと類似した者が存在しているのか。明確な国境を持つ国家への帰属問題に、テレストリアルは再び向き合うことができるのか。それらの問いに対し、カフカの小説は何も答えて

36 第二次世界大戦後は社会経済や地球環境の変動が劇的に増大している。この状況を大加速と呼ぶ。

くれない。昆虫グレゴールは孤独のうちに亡くなった。この種の問いについて何の証言も残すこともなく、彼自身の、低い長椅子の下で無念のうちに息絶えたのである。

「大地 soil」「テリトリー」「人民 people」「伝統」「土地」「土地への回帰」「根づき具合 rootedness」「位置づけ」「有機性 organicity」といった用語のすべてが近代人に乱用され、植民地化されてきたのだから、困難はなおのこと大きい。近代人はこれらの用語を過去のもの、原初のもの、反動的なもの（すなわち、いかなる犠牲を払おうと、未来に向けた強力なひと押しを通して、自分自身をそこから引き離さねばならないもの）として記述するために利用してきたのである。それらを再び取り上げることは、ネッシーの毒つきシャツ〔ギリシャ神話。ヘラクレスを殺害した毒つきのシャツのこと〕を身に纏《まと》うに等しい。しかもそのシャツを纏ったときの焼けつくような感覚は、今回、これらの用語が**肯定的**に使われるにあたってさらに強まっている。というのも、これらの用語が今回は、これまで来た道と同じ道を通って帰ることに事実上合意した人々、具体的にいえば、「母国」「国家」「大地 soil」「人民のための社会的な飛び地」「民族」「理想化された過去」に対する保護を取り戻そうと決めた人々によって使われるからである。彼らテレストリアルはこう叫ぶ――「もしグローバリゼーションが私たちをどこへも導いてくれないとすれば、せめて安全に暮らす場所だけでも与えてほしい。そこに私たちはロックダウンされるだろうが、少なくとも保護はされるはずだ。何より重要なのは、私たちが**自力**でやっていくということなのだ」。このように、近代に対抗する彼らテレストリアルは、近代人が提案した命令と同じ命令に注意を払う――それによって命令とはまったく逆のことを実行するのである。

テレストリアルは、最終的にはこの地上に落ち着き、永遠にここに留まろうとしている。そうであれば、どうして地球Earthへの帰属を「軽視」することなどできよう。私たちはどうすれば地球を信頼のおける根拠地に変えられるのか。これまで地球は、この惑星を数多くの国家として並置し分割しようとする人々〔＝近代人〕によって着服され、再領土化されてきた。しかもそれらの国家群は、「万人の万人に対する闘争」〔ホッブズ『リヴァイアサン』（一六五一）〕という共通の理想しか持ち合わせていない。彼ら近代人はデイヴィッド・ブリン〔一九五〇～、アメリカの小説家、SF作家〕の小説『ポストマン』[37]（一九八五）に出てくる主人公と同じように、実にばかげた「危機的状況」に置かれているように見える。主人公は、ずっと前に消滅したはずの国家を自分が代表していると相変わらず叫んでいる。武器こそ持たないが、帽子と肩章を身に着け、差出人も受取人も書かれていない手紙で一杯になった郵便配達袋を抱えている。テレストリアルからしてみれば、自分たちがこの主人公のように、もはや存在しない普遍的国家の最後の代表だと自己提示し、世界の残余を探査して歩くなど到底無理である…。では、新たな普遍性を作り出すとは一体どういうことか。

テレストリアルである私たちは人間の普遍性というものを疑問視している。ただし、それが理由で誰かに糾弾されるといった事態にはならないだろう。そうした疑問視はすでに大々的なスケールで起

37 大規模な世界大戦により荒廃し、通信網も寸断された近未来のアメリカで、偶然にもかつての合衆国郵便配達人の制服を手に入れた一人の流れ者の男が、国家としての秩序を取り戻そうと奮闘する話。

きているからだ。反人間主義 anti-humanism[38] がその動きで、それはあらゆる場所で一斉に競われる一つのゲームのようなものである。もっとも、近代主義がいろいろな種類の共通地平、最終的には模造のオメガポイント[39]を提供してきたために、反人間主義は近代主義の終焉が一つの大騒乱へと変質していくのを防ぐことができなかった。いったん近代の錨《いかり》が取り払われるや否や、あらゆるものが破綻することになった。相次ぐ破綻というこの今日的普遍性は、かつて「国際〔国家間〕秩序」と呼ばれたものの組織立った脱構築 deconstruction の中で、一つの危機から次の危機へと日々その姿を変えて表に現れ出している。さしあたり私たちは、近代主義の廃墟がデイヴィッド・ブリンの描く廃墟の場面に酷似していることを認めるべきだ。ここから今日的危機の印象は次のようになる――「私たちはロックダウンから脱しつつあるが、それは新たな悪夢への突入によって完了するだろう」。

しかも今回の場合、昔ながらの解決法は戦争状態の国家を平定するにはもはや不適切のようだ。近代人がこう述べていた時代とは違うのだ――「さあ行こう。私たちは皆、地球上に住む人類なのだから」。その事実が私たちを統一する」。かつてのこうした解決法については二つの解釈がある。両方とも同じように私たちをオフショア〔域外〕へと連れ出す。第一の解釈は、「私たちは皆、地球上に住む人類だ」というとき、そこでは、「私たちは皆、良識、理想、倫理性を同じように持ち、そのおかげで私たちは不活性な物体、生物学的身体、動物的運命から免れられている」、すなわち、私たちはどこででも生きていけるが「地球と共に」は生きていけないという意味になる。この場合、私たちは天国というもの――それが世俗的なものか宗教的なものかは問題ではない――を信じねばならない。

私たち自身がこぞって近代化することで、最終的に全員が天国へと逃走するのだ。もっとも、「さあ行こう」で始まるこの高雅な金言の第二の解釈は、第一の解釈以上の意味が与えられている。それは、地上での私たちの下からの位置化は許されないというものだ――「私たちはすべて自然の存在であり、自然と同じ原因から生み出された。そして物質によって造られた対象と同様、同じ目標 ends に向かうべく運命づけられている。自然がそうなるように、私たちもまたこれ以上の騒動を起こすことなく

38 一八～一九世紀にかけて、啓蒙思想のもとで人間主義、人間中心主義が発展したが、そこでは西洋近代的価値観に基づく理性的人間が普遍性の根拠とされた。そうした古典的捉え方に反旗を翻したのが、社会理論や哲学において展開した反人間主義である。歴史的に見て反人間主義は、ニーチェ（一八四四～一九〇〇、ドイツの哲学者）、フロイト（一八五六～一九三九、オーストリアの精神病理学者）、ハイデガー、ラカン（一九〇一～八一、フランスの精神分析学者）、アルチュセール（一九一八～九〇、フランスの哲学者）、フーコー（一九二九～八四、フランスの哲学者）、デリダ（一九三〇～二〇〇四、フランスの哲学者）などへとつながるが、そこでは「合理的人間」を理論的基礎とする考え方の解体が目指された。一方、ラトゥールのポスト人間主義は、これをさらに進め、人間のみでなく非人間（他の生き物やモノ）も含めてエージェンシーを持つアクターとして取り扱い、それらすべてが世界の創造に貢献していると捉える。

39 フランスのカトリック司祭、ピエール・テイヤール・ド・シャルダン（一八八一～一九五五）が展開したキリスト教的進化論、オメガポイント理論がここでの議論の背景にある。オメガポイント理論によれば、宇宙は進化の第一段階である「生物圏 Biosphére」を経て、知性を持つ人間を生み出し、第二段階である「叡智圏 Noosphére」へと至る。さらに人間は依然、未熟な段階にあるため、今後の進化を通して、叡智の究極点である「オメガポイント」へと至るとされる。ここでの「オメガ」は未来に出現するイエス・キリストの意味し、人間と他のすべての生き物、宇宙全体はオメガの実現において完成され、救済されると捉えられている。

姿をくらまし、自身を完全に近代化しよう」。しかもそうした自然化 naturalization のプロセスは、天国への逃走と同じように、地球を超えてさらに加速し続ける逃走、大地 soil からの抜根を伴うことになる。今度は天国への逃走とはまったく異なり、宇宙に向けての転移となるのだ。それは私たちが**境界線** limes を超え、その向こう側を目指して激しく揺れ動くときに生じる。そうなると、人間の普遍性を認めることへの代償は、天国と宇宙への二重の追放、二重の逃走ということになる〔本書第6章参照〕。私たちは皆このようにして自らを近代化させてきたが、そこには集団自殺という代償が伴うわけだ！　それはあまりにも高すぎる代償ではないのか。近代人のそうした死への願望には大変強いものがあり、もはや「崩壊」という今日的大テーマもそれほど驚く題材ではなくなっている感がある――あたかも、「完全なる崩壊への隠れた願望」に出食わしたかのようなのだ。

　興味深いことに、今回のロックダウンはテレストリアルに「この世界の外側への逃走」という企てからどうすれば逃れられるかを教えてくれた。これは、人類学の大問題――今日出現しつつある新たな国家の間の相互承認の問題――に関わる議論が、なぜ今、あらゆるところで静かに浸透しているのかを説明する。新たに出現しつつある国家は、「地球と共にある人間」とは何かを問い続ける。もしこの状況がわずかでも明らかになったとすれば、それはあらゆる事柄を考慮してもなお、**民族**〔人民〕**生成論** ethnogeneses[40] の仕事が私たちの気づかないうちに再開したからだろう。もちろんその再開は、「人間の普遍性」と、「地上生活のための物質的条件」との間の亀裂が大きくなるのに随伴して起きた。それはあたかも、私たちが今とは異なる**惑星体制** planetary regimes を考慮に入れねばならず、人類が

「他の惑星地球」に移住することを受け入れざるをえなくなったかのような状態だ。しかもそれは、人類を統一する自分たちの能力について、もはや誰も思い違いをしなくなったかのような状態ともいえる。ここでの議論の理解を促すために、以下では占星術のようなものを使って、不運な、または幸運ないくつかの惑星地球を並べて見せることにしよう。それぞれの惑星地球がどんどん通約不能になっていく様が見えてくるはずだ。

まず、そこには「**グローバリゼーション** Globalisation」なる惑星地球が存在する。この存在が、昔ながらの方法で近代化できると堅く信じる人々を惹きつけてやまない。たとえ自分たちの居住する土地が実際に消滅しつつあっても、彼らはいっさい頓着しない。彼らにとって「人間」であるとは、惑星地球の運命にあえて無関心であり続けることを意味する。彼らはクリティカルゾーン〔本書注8参照〕という、薄膜のような壊れやすい存在を否定し続ける。二〇世紀には、そうした人々が信奉するグローバリゼーションが人類共通の地平を描き出していた。しかしそのような地平は、今日では惑星地球についての偏狭な捉え方にしか見えない。今では近代化信奉者のように真実の否定を普遍化することは実に難しい――少なくとも地上ではそうだ。

40 一般的に、民族生成論（民族起源論）とは二〇世紀半ばに現れた造語で、「民族集団」というまとまりあるアイデンティティを持った社会集団が新たに出現するという考え方を示したもの。ラトゥールは本書でいう「変身」の事業を民族生成論の始まり、すなわち「人民 peoples を発生させる装置」の始動と見なしている。

次に、そこには「**出口 Exit**」なる惑星地球が存在する。そこに居住する人々は、地球の限界について実によく理解している。しかし、理解しているがゆえにそこから逃れようとする。少なくとも仮想的にそこから逃れようとする――すなわち、自分だけが生き延びるための超近代的地下観測室（掩蔽壕《バンカー》）を火星に、あるいは南太平洋上のニュージーランドに作り出そうとする。こうした人々にとって、「人間」という用語は掛け値なしに大金持ちだけに用いられる言葉、有名な「〇・〇一パーセント」だけに排他的に用いられる言葉である。残りすべての人々にとっての理想は切り捨てられ、最終的にアイン・ランド〔本書六七頁参照〕の恐るべき近代化の理想が実現するのである――「ようやくすべての人間を気にかけずともよくなった」。見殺しにされ、**置き去りにされる**のは、「定員外の supernumeries」としてだけ知られる人々である。

さらに、そこには「**安全 Security**」なる惑星地球が存在する。そこに居住する人々は、社会的排他主義者である。彼らは、これまた完全にオフショアといえる、堅固に隔絶された国家のもとに集まっている。彼らは社会を拒絶するが国家に対しては希望を持つ。国家のもとでは少なくとも保護を受けられるからだ。とりわけ彼らの世界では、「人間」という言葉が特に広い意味で使われているわけではない。そのときどきで、それは「ポーランド人」「北イタリア人」「インド人」「ロシア人」「北米の白人」「漢民族」「生粋のフランス人」等々の用語に置き換えられる。しかも、そこにいる誰もが、自分を指すその用語が国境外の居住者には決して適用されないよう用心している。「人類共通」という理想は船外に投げ捨てられたも同然なのである。

もしテレストリアルが「グローバリゼーション」「出口」「安全」という、このぞっとするような三つの惑星地球の間にいながら完全には押しつぶされていないと感じるなら、それはまさに四つ目の惑星地球が作り出す強力な引力のおかげである。もし私たちが悲しみに沈んだ近代史の重力場に捕獲されたくないなら、この四つ目の惑星地球に早まって名前をつけることでもたらされる危険を知るべきだろう。この特殊な惑星は、「昔風」でも「原始的」でもなく、「根源的」でも「先祖代々のもの」でもない。そこは、ヴィヴェイロス・デ・カステロの言葉にある通り、**向こう側の近代人に対してこちら側 this side of the Moderns** にいる無数の人々が常に居住してきた惑星である。しかもそこは、そうした人々が開発業者に力の限りに抵抗し、その土地特有の vernacular 生活法を維持してきた場所である。さて、近代化から外されてきたこうした人々 extramoderns のうちいくらかは、彼らの「箱」から這い出し、閉じ込められた状況から脱している。あるいは、超高速で脱植民地化しているといったほうがよいだろうか。彼らが居住する惑星を**現代的** Contemporary と名づけたい誘惑に駆られるのも当然だ。それまで痕跡だけの存在とされてきた人々が一気に**私たちの時代**の存在になったのだから。ナスターシア・マルタン〔一九八六〜、フランスの人類学者、作家〕があえてぶっきらぼうに述べたように、もし産業社会が自らの生き残りの術《すべ》を学べるとしたら、それは自分たち近代人が危機に追いやったこうした人々からだろう。あたかもそれは産業社会を今一度「文明化」するに等しい。近代人は自身に向けてこうつぶやくはずだ――「こうした人々に倣って、自分たちも断固として**自然の状態に戻ろう**」。

彼ら近代人も、テレストリアルと同じように四つの引力に引きつけられ、引きつけられてはまた跳ね返されている。そうなれば、彼らの計画は一体どうなるのか。自分たちが何者なのか、誰と一緒にいるのか、敵が誰なのか、見方が誰なのか、近代人はそれを手探りしてでも見極めていかねばならない。そうした探査の事業に打って出る「人民 peoples を発生させる装置」は、イザベル・ステンゲルスが**外交** diplomacy と呼ぶ技術を必要とする。

もちろん国民国家は以前から外交を実践してきたはずだ。しかし、それはバランスの取れていないテリトリー間でなされる実践にすぎなかった。バランスが取れていないのは、国境の内側にあるものと外側にあるものとの間に重なり合うものが何一つない状態の中で、特定の国家のみが繁栄を維持してきたからだ。もし隣り合う国民国家同士が地図上でのそれと同じくただ点々と並んでいるように見えるなら、つまりラテン語でいう「partes extra partes」〔部分が他の部分とは重なり合わない〕の状態に見えるなら、それは国民国家を維持可能にしている影の国家――ある意味で国民国家が自らそれに包み込まれていると認める影の国家――の描き方を私たちが知らないからだろう。国民国家間には「国際関係」なるものがある。そして二、三の超国家的機構が存在する。しかしそれらは、「私たちが住んでいる we live in」テリトリーと「私たちが暮らしを立てるために依存している we live off」テリトリーとの間の分断――日々広がりを増す恐ろしい分断――を抑えることに少しも成功していない。したがって国民国家の外交家は、国民国家の構成員の利害を正しく知ることができない。そうなると、最も謙虚な外交家ですら国民を裏切りかねない。

「ローカル」を祝福することで国民国家の道を開こうと思ってもうまくはいかない。なぜなら、国民国家と国家に組み込まれるテリトリーとの相互依存性をざっと探査してみるだけで、私たちは前者に固有の尺度 scale と後者に固有の尺度の間を頻繁に（まさに一分間に何度も）移動させられるものの、二つの別々の尺度を決めるときに使われるグリッド〔碁盤目〕は実際にはまったく同じだからである。そのため、厳密にローカルなもの、厳密に国民国家的なもの、厳密に超国家的なもの、厳密にグローバルなものなど何一つないのだ。私たちはエージェンシーの数と同じだけの地図を明確に描いていかねばならないのである。換言すれば、あらゆる河川、あらゆる町、あらゆる渡り鳥、あらゆるミミズ、あらゆるシロアリ塚、あらゆるコンピュータ、あらゆるスーパーコンテナー、あらゆる細胞、あらゆるディアスポラ〔集団的離散〕の一つひとつが形態を定義する。それらの形態は皆、自身の詳細な実態をあちこちでひた隠しにしながら、他者に自らを押しつけ、よだれをたらし、他者の上に流れ出す。何とも雑然たる堆積 shamozzle ではないか。

では、人間主義 humanism 気取りのすべてをあっさりと捨てるべきなのか。今、生き物たち lifeforms がこぞって同じ方向に駆け込み始めているのだから、それは実に魅力的な考え方である。しかし、近代化した人間がその数においても、その不正においても、その普遍的ともいえるほどの拡張状況においても、他の生き物の運命に匹敵するようになったこの時代に**人間中心主義** anthropocentrism を破棄するとすれば、それは実際には逃避というほかない。ある計算によれば、人類は第六次の地球生物[41]（一五五頁）大絶滅を引き起こしたエージェントと見なされるまでになっている。クライブ・ハミルトン〔一九五三～、オーストラリアの公共倫理学者〕が憤然と指摘したように、そうした特殊な種《しゅ》である人類が自らの責任——すなわちその雑多な存在が他のすべての生き物 living beings に課してきた負荷への責任——を、今この瞬間に振り捨てるべきではないだろう。「**人新世** Anthropocence」という用語が批判を受ける理由は確かにある。しかしまさにこの用語が、私たちにとって今必要な目標に標識をつけることにもなるのだ。[42] 私たちにとって反人間主義 anti-humanism を抱擁することは、悪からさらなる大きな悪へと歩を進めることに等しい。なぜならそれは、前後の見境もなく引き受けた使命をアトラス〔ギリシャ神話。地球の西端に立って天を支えている巨人〕自身に放棄させる今一つのやり方のように見えるからだ。**アトラスは本当に繰り返し肩をすくめたのか**。ただ肩をすくめるだけで、アトラスは自身の背負った天の重荷を、振り払うことができるとでもいうのか——そんなわけはない。もしアトラスの神話が依然として何らかの意味を持ちうるとすれば、それはむしろ、「ある種の人々が他者の上に載せた重荷を、人類はいかにして取り除くことができるのか」という点にあるはずだ。

もし「人民 peoples を発生させる装置」の動きが八方塞がりの状態だとすれば、それはテレストリアルが境界という概念そのもの——ローカル、国家、世界全体すべてで同じである——と格闘することを決してやめないからだろう。近代人の精神的資源は、アイデンティティとその境界のみにもっぱら与っている。そのことを真に理解するなら、私たちは近代人のいるオフショアがいかに離れた場所に設定されているかを計測できるだろう。その設定は、自ら存在するために他の生き物 lifeforms に依存する従属栄養生物 heterotrophs を、あたかも自家栄養生物 autotrophs、自主的存在 autochthons、自立的存在 autonomes のよう扱うのと似ている〔本書六三～六四頁参照〕。しかもそこは、まさにカオス（混沌）が飛び出してくる場なのである。ウェストファリア条約〔一六四八年〕によって主権国家間の国境交渉にあたるよう任命された外交家の役割を理解するのは容易い。では、**ホロビオンツ holobionts**〔本書七〇頁参照〕**のための外交**とは一体どのようなものなのか。まずは**境界 limits という概念が持つ限界 limits** について把握すること。そこから始めるのがここでの外交術の本質だろう。大昔に潰えた外交術の歴史を遡ってみればわかる。そこでの交渉の可能性は常に、かの有名な「レッドライン」[43]（一五七頁）——いく多の脅しを動員してでも、諸陣営が砂地に描かずにはいられないレッドライン——の境界をいかに引き直すかにかかっていた。自分たちが何に帰属し、何を欲しているか、それを

41（一五三頁） 地質学者は大量絶滅を「三〇〇〇万年以内に七五％以上の種が絶滅する現象」と定義しているが、現在の絶滅率は背景絶滅率（大きな環境的・生物的混乱がない平穏な時代に起きる絶滅率）より一千から一万倍も高いことが立証されており、地球上の生命は六度目の大量絶滅期に突入しているのではないかと主張する科学者がいる。過去五回の大量絶滅と比べて特徴的なのは、それが一つの種《しゅ》、人類によるきわめて破壊的な行動の結果起きている点である。

42 人新世《アントロポセン》とは、人類が地球の地質や生態系に与えた影響に注目して提案されている、地質時代における新たな区分。完新世（約一万年前から現代まで）に続くものとされている。アントロポセン（人新世）のアントロポ（人間）Anthropos は単一人類のように振る舞える普遍化したエージェントを想定した言葉であるため、人新世は人間中心主義の延長概念として批判されることがあるが、実際にはこの概念は、雑多な人類種の統合化を図る「狭義の人間中心主義」を破棄する利点も持つとラトゥールは見ている（前掲ブルーノ・ラトゥール『ガイアに向き合う』一九〇～一九一、三七二頁）。

諸陣営は熟知していた。すなわち、彼らはアイデンティティを持つかのように振る舞った。また彼らは、その中にいれば保護されていると感じる、そうした繊細な薄膜がどのくらいの数の外部的存在に支えられているかを熟知しているかのようだった。外交家の緻密な技 art の真価は、アイデンティティを毎回、変形させながら自分たちの利害の調整を行うことにかかっていたのである。ホロビオンツを、すなわち常に部分的に重なり合う**モナド**（単子）[44] monads を、境界の内側に組み込むことなど到底不可能なのだ。モナド（単子）の父、外交の守護神とも呼ばれるだけの理由を持つライプニッツ〔一六四六～一七一六、ドイツの哲学者、数学者、物理学者。モナド論を説いた〕に倣って、私たちもまた、剣を用いて海洋を分割すればよいのである。

したがって私たちは近代人とは異なる道を模索しなければならない。地球 Earth にあっては、普遍性は宇宙の中で進展するようには進展しない。それを理解して初めて道が拓ける。それは尺度 scale の問題ではない。つまり、ローカルからグローバルへ、小から大へ、特殊から一般へと段階的に進むことではない。それは逆に、測定基準 metrics の問題なのだ。現在、地上での進化が停止しているその普遍性は、その振る舞い方を宇宙での存在様式――つまり任意の一つの例がすべての例を代表するという存在様式――から借りている。「**王立科学** royal sciences」〔啓蒙時代にヨーロッパ各国がこぞって科学アカデミーを設立したことにちなんでこう呼ぶ〕は、私たちをそうした顕著な一般化に慣れさせてきた。デカルトは、光線の計測に関する二、三の実験結果を安定化させるや否や『宇宙論 *The World*』[45]の執筆を開始した。衛生学者は、パスツール〔一八二二～九五、フランスの化学者、微生物学者〕がジョセフ・

マイスター〔一八七六〜一九四〇、フランス人。狂犬病ワクチンを打たれた最初の患者〕に狂犬病ワクチンの注射をするや否や「感染病の終焉」を宣言した。そして電機メーカーのソニーは、擬人化されたロボット二体を頷かせるや否や、**これぞ**ポスト人間主義の到来なのだと宣言した。近代人は、客観的知識の理想を魔術と混ぜ合わせるばかりで、決して事実を確認したり技術を促進したりはしないのである。彼らは常に、**魔法の弾丸**を探しているのだ。

さて地球に関していえば、そうした一般化は、この惑星でのあり方を説明しない。逆に地球では、ものごとは互いに染まり合い、共謀し合い、拡散し合い、絡み合い、複雑化していく。重なり合う他の存在から得られる支援をまさに一**つずつ**確かめながら、段階を一つも省略することなく進んでいく。

43 (一五五頁) 軍事・外交においてレッドラインを示すことは、相手国に対して「この一線を越えてはいけない。越えた場合にはただでは済まさない」と宣言する意味を持つ。すなわち、軍事力を発動する、攻撃してでも食い止める、戦争も辞さない、ということ。

44 モナド論(単子論)はライプニッツの形而上学説。ライプニッツによれば、モナド(単子)とは、宇宙を説明する究極単位のこと。モナドは広がりも形も持たない分割不可能な閉鎖的実体であるが、性質を持っている。個々のモナドは性質がなければ区別できない。モナド同士は他のすべてのモナドを反映しているが相互に作用し合うことはない。それをライプニッツは「表象作用」と呼ぶ。モナドにはそれぞれに応じた「感受性」が備わっていて、それによって宇宙を表象していると見なすのである。

45 デカルトの『宇宙論』はガリレオと同じく地動説を事実上認める内容を含んでいたため、実際には公刊取りやめとなる。デカルトの死後、一六六四年に公刊される。

地球に関する科学は曲がりくねり、ゆっくりと進むのである。魔術の助けなど借りはしない。古い学派が主張する、宇宙から抽出された普遍性など地上ではまず通用しない。新型コロナウイルスは、ロックダウン中の私たちに何とも素晴らしい教訓《レッスン》を与えてくれた。たとえばウイルスのようなエージェントは、まさに人間の口から口へ、手から手へと何の苦もなく渡り歩くことができる。ほんの二、三カ月という短期間に世界を何周も飛びまわることができる。さあ、これこそあなたにぴったりのグローバル化主体 globaliser ではないか！　ともかくそれはパンデミックのおかげだ。もはや誰もこうはいわなくなるだろう――「『一歩一歩』進むとは、私たちが常に『ローカル』〔局地的〕な存在であり、互いに『はっきりと分かれている』ことを意味するのです」と。

パンデミックの結果として、私たちが動きの自由を完全に失ったわけではない。試行錯誤を繰り返しながら自らの道を手探りする中、少なくとも外交が当初の天職を取り戻した。あらゆる境界は他の境界に身を隠し、尺度の変更はすべからく別の生き物 living things によって中継される――それがわかったのだ。最終的に地球はどんな場所にも上手に浸透してきた。地球のそうした増殖様式と共に歩んできた存在者たちが同じように浸透していけないわけはないだろう。人類も例外ではないはずだ。もちろんそれはのろのろとした歩みだし、常に衝突なしに進むことはない。結局、**ガイア**は最初から**偉大な**存在として生まれてきたわけではない。**ガイア**は一**瞬**一**瞬**を生き、一つの創案から次の創案へ、そして一つの計略から次の計略へと渡り歩くことで、ようやく偉大な存在へと「変身」したのである。

12 いくつかのかなり奇妙な戦い

新型コロナウイルスによって引き起こされたロックダウンから教訓《レッスン》を学ぶとは、今後襲い来る新たな脅威、それに直面して生じるパニック、そうした新たなロックダウンに対する前準備＝舞台稽古として、今回の経験を生かすことを意味する。長引くロックダウンが間欠的に続けば、レッスンもまた、より厳しく持続的なものになる。なにしろ私たちはもう外へと出ることはないのだ！　外とは家の外のことではなく、それとは別の覆い膜の外、バイオフィルム〔生命の薄膜〕の外、クリティカルゾーン〔本書注8参照〕の外のことだ。その覆い膜が今、危機的状況にある。「境界線 line は無くなりました。すべてを改めてください」。昨日と今日の間に、そして出来の良い息子、好成績の営業マンとしてのグレゴールと、毛深い六本の脚の突飛な動きを何とかコントロールしている昆虫としてのグレゴールの間に、まさに底知れない深い淵が横たわる。過ぎにし時代、近代を思い出した途端に、彼の心臓は止まるかもしれない。

「何とか**よい方向**を作り出せないものか」――あなたが格闘しているのはこの監禁されたという感覚ではないか。私たちはそういう感覚に愚弄されているも等しい！　それも、マスク越しに私たちが窒息しそうになったその瞬間に、そしてマスクで顔を覆った家族、近しい人、愛しい人のすべてから二メートルは離れてくださいと求められたその瞬間に、この感覚に襲われるのだ。私たちはこうした要請とは反対のことがしたい。思いっきり自由に呼吸がしたい。肺一杯に空気を吸い込みたい。以前のように気楽な暮らしがしたい。飛行機にだって乗りたいのだ。

紛争の新たな源、新たな境界を見つけるのに遠くへ行く必要はない。その源、その境界はまさに私たちの肺を横切っているのだから。私たちは以前のように呼吸がしたいのだが、「以前通りのやり方で生きている」と主張する人々が私たちの呼吸を遮っている――しかも私たちは彼らと**共謀**している。というのも、もはや惑星地球全体の呼吸システムがあらゆるレベルで粉砕されているからだ。マスクで口を塞いだせいで私たちは喘いでいる。しかし、ただそれだけで喘いでいるわけではない。山火事は煙をもうもうと立ち上げ、警察は取り締りを続け、うだるような暑さが私たちを抑え込んでいる。気温上昇は北極にまで及ぶ。「私たちは本当に窒息しそうだ！」――至るところから叫び声が聞こえる。とにかくその叫び声は、閉じられたグレゴールの部屋からだけでなく、ザムザ一家が隠遁する狭苦しい台所からも聞こえてくる。

これからの戦いは、一国が他国を占領するといった、今に続く「万人の万人に対する闘争」を通して戦われるわけではない。私の生存を可能にしている無数の存在者 beings のうち、いくつかの存在者が引き起こす不当な占拠を通して戦われるのだ。特定のこの昆虫、この化学的産物、この金属、この原子――そう、戦う相手は原子にまで及ぶ。気候との戦いはいうまでもない。たしかに昔の気候は好ましかった。私たちは過去のことなどもはや省みようとはしないが、気候のほうが私たちを放してはくれないだろう――気候による占拠、あの土地収奪、それは多面的であらゆるレベルに及んだ。すべての市民が**自分たちのために提供された**わけではない世界に居住しているのだから、占拠されるのは当然だ。**ホロビオンツ** holobionts〔本書七〇頁参照〕は自らのアイデンティティによって自らを定義できない。ホロビオンツは周りのすべてに依存することなしに、アイデンティティなど持ちえないからだ。本質的にいって、ホロビオンツは常にぐらついた存在である。彼らは自分が依存する他者との重なり合いの中でしか生きられないのである。

活動家 activist や国民国家の市民が私に接触してくるたびに気づくことがある。それは、境界 boundary には何の意味もないということだ――私たち自身のアイデンティティの境界、私たちの政府の境界、私たちの生産物の境界、私たちのテクノロジーの境界、もちろん私たちの内的自我の境界、すべてがそうだ。この状況は様々なところに見出される。私の甥は、彼が栽培するブドウの収穫のため、八月中旬までにブドウ摘みの作業員を雇い入れねばならないことを理解した。[46] 私の娘は、自分の

46 ラトゥールの甥の住むフランス、ブルゴーニュ地方では手摘みが普通。収穫時期は伝統的には九月下旬だが、地球温暖化の影響か、最近では早くなっている。

腸内細菌が、これまで彼女が鼻であしらってきた食べ物に依存することを最近ようやく理解した。私の友人は、かつて彼の果樹の受粉を媒介してくれた昆虫が、今ではどの風よけ幕にも取りついていないことを確認した。私の隣人は、彼女の工場で必要な希少鉱物、レアアース（希土類）のすべてが中国からのものであることを確認した。最終的にこれらの人々は皆、世界の平均気温が彼らの日常行為の一つひとつによって変わることを理解した…等々。こうした遭遇のすべてが、境界が受ける試練となった。これまでエージェントの行為はもっぱら境界内で展開するものだったが、今や境界を何度も踏み越えるようになったのである。ある一つのテリトリー〔本書注22参照〕として区切られてきた領域を、他の領域のエージェントが侵害し始めたわけだ。そしてそれが境界内に閉じ込められた存在beingの監禁時間、緊張、不安をさらに長引かせた結果、私たちは、占拠する側の権力には常に抵抗しなければならないと考えるようになったのである。

たしかにそうだ。私は二つの世界の間にいる自分を発見することになった。第一の世界は、一人前の市民として「私が住みI live in」、権利によって守られている」世界だ。**第二の世界**はもっとずっと広く、かなり簡単にその場所を特定でき、より遠くにあり、あふれんばかりの広大な囲い地enclosureからなる「**私が暮らしを立てるために依存しているI live off**」世界だ。この二つの世界は、近接しているがまったく連結していない二つの囲い地のようなものでもある。したがって、私にとっての政治的、倫理的、感情的問いは次の三つになる。一つ目、**第二の世界**についてはどのように扱えばよいか。二つ目、徐々に明らかになる第二の世界を**取り込む**ために「第一の世界――私の祖国、私の人民people、私の国家――の境界を引き直す」とはどういうことか。三つ目、私は新たな政体の住人になるということなのか。これらの問いを発する地点こそ、民族〔人民〕生成論ethnogeneses〔本書注40参照〕が私の以前の帰属関係を真に解消し始めるところだ。もはや私には、自分の祖国がどれなのかもわからない。祖国の大地soilを認識することさえできない。私は道に迷ったのだろうか。

私の身体、私のニッチ〔生息上の適所〕、私のテリトリーの最後の一片までもが、他者に占拠されている。私にとってそれは幸運なのか、不運なのか。味方や敵に出くわすのはまったく構わないが、彼らにはもう少し認識可能な境界、陣営、前線としてまとまっていてもらいたい。敵に軍服を身に着けてもらいたいとまではいわないが、それでもやはり何とか見分けがつけばよいのにと思う。こうした多方面からの戦争ほど厄介なものはない。そこでは民兵が何の記章もつけずに目印さえない車で動きまわる。CO_2の排出者はどこにいるのか。ミツバチの駆除者が私の庭や私の食器棚にいないことを、どうやって確認すればよいのか。新型コロナウイルスの感染者を、その人のマスク越しにどうやって見つければよいのか――特に彼らが「無症状」だとしたら。石油踏査の補助金で利益を得ている人々を、どこへ行けば摘発できるのか。

そこにはたしかに解決法はある。私自身が生き抜くのにどうしても必要な事物や存在を、私の境界bordersの外に投げ出すという方法だ。それは実に完璧な解決法である。この方法を採れば、一方で私は、第二の世界にアクセスして得られる利益を確保しつつ、他方で私は、他のエージェント、他の人間あるいはそれ以外の存在が私と同じ市民権、報酬、権利（それらがどんな形態であれ）にアクセスすることを拒絶できる。もっとも、ピエール・シャルボニエがいうように、こうした拒絶は当然、私を不安定な立場へと追い込む。なぜなら、私がその他の点では**否認している**テリトリーを、自分の利益のために**占拠し**続けねばならないからだ。これがまさに**抽出者** Extractors の立場である。第二の世界で占拠を続けるためには極端な暴力を使わねばならない。植民地、石油、レアアース、低賃金…、ここではどの話をしているかは問題でない。どの点から見ても、そうした暴力はすべての責任に対する強烈な拒絶といえる——第一の世界で認められる権利は、第二の世界では通用しないからだ。また、そうした暴力は**土地収奪**のための「挟み撃ち作戦」を伴う——一方で専有し、他方では排除する。二つの世界の**囲い地**は常に再形成されるものだ。しかしそこには常に緊張がある。果たして私はこの緊張状態に耐えることができるだろうか。抽出主義 Extractivism はまさに人を狂わす。なぜなら、そこでの矛盾〔テリトリーの否認と占拠〕を吸収するには、「この世界から脱出する」しか方法がないからだ。私は最初に気候変動懐疑論を問題にしたが、最終的に私はどこに向かうのだろうか。陰謀論者のところだろうか。まさか。

　そうすると、こうした抽出者は私の敵ということか。そうではないだろう。今見た通り、私もまたその一人なのだから。私の人生の一秒一秒がそうした生き方をしてきたのだから！　ではもし私を抽出者としての立場から引き離したなら、私はどこへ向かうのだろうか。そう問うのも、次のもう一つの解決法を自身の中に採り入れるのはそう簡単ではないからだ。まずはこう決めたとする。第一の世界に住む意欲的な市民としての私が、「私が住んでいる I live in」その世界の周りと、「私が暮らしを立てるために依存している I live off」第二の世界の周りを、新たな境界 line、新たな縁《へり》 edge によって**同時に囲い込む**。そして囲い込んだ全体についてこう宣言する――「これが私の大地 soil、私の大地に住む人民 people です」。そうすると何が起きるか。私は、依然として不安定な立場に置かれたままの自分をそこに見出すだろう。ただし、今度の不安定さは、国民国家――それまで私はそこにいる気楽な市民だったが――と私との関係の中で生じる不安定さだ。そこには、私が定義する新たな市民権によって受け入れられた無数の移民――人間も人間以外も――がいるが、彼らを拒絶する人々〔＝抽出者〕の眼から見れば、私は裏切者ということになる。私が善良な活動家として調査を拡大し、私の新たなテリトリーを再配置 repopulate し、より多くの知識を動員してこれまでとは異なる実験を繰り返し、抽出者の倫理観に厳しく対峙したとすれば、それにつれて彼らとの衝突は増えていく。その結果、私は再びすべての帰属関係から自身を引き離す羽目になるのだ。

国家を持たない人民、故郷のない人民を何と呼べばよいのか。というのも、彼ら自身は自分たちの祖国の定義に「テレストリアルな故郷」、もっとよくいえば「母国‐テレストリアル‐故郷」といった表現を導入したいと望んでいるからだ。「無政府主義者《アナーキスト》」のほうが妥当か。そうともいえる。彼らは自分が生まれた国の国境を拒絶しているからだ。あるいは「社会主義者」か。まあそういってもよい。ただしこの場合、社会という古びた概念の中に、地衣類、森林、河川、腐植土、そしてどこまでも忌まわしい CO_2 をどのように挿入すればよいかが問題だ。「世界」が惑星地球にふさわしいものなら、「世界市民」と呼ぶのはどうだろう。それとも、「国民」を非人間にまで拡張するというなら、「国際協調主義者」ではどうか。「相互依存推進者」「クリティカルゾーン信奉者」「独立反対主義者」「再連結支持者」……いろいろ考えられる。

抽出者は、暴力を通して第二の世界を占拠し続け、別種の暴力ともいえる否認に逃げ込む。これに対し、**修繕者 Menders**——暫定的だが国家や故郷を持たない人民をこの名前で呼んでおこう——は、彼らの敵〔＝抽出者〕が占拠し、破壊し、見捨てたテリトリーを再縫合すべく、その方法を新たに編み出さねばならない。しかも彼ら修繕者は、そうした修繕の仕事を、国民国家——彼らは依然として国民国家に帰属している自分自身を見出す（それがほんのしばらくの間だとしても）——の法的、政治的、国家的、精神的、倫理的、主体的資源をまったく使わずに行わねばならない。とりわけ彼らが抱擁の対象としている第二の世界から来た無数の存在者 entities の、保証つきサポートなどいっさい受けずに、またその存在者の習慣、信条、欲求などをほとんど知ることもないまま、この仕事に取り掛からねばならない。事態をいっそう複雑にしているのは、ホロビオンツの重なり合いが、あらゆる境界 border の背後にまた別の境界を浮かび上がらせ、前もってほとんど知ることのできない操作者 Operators（やがては私たちが考慮に入れねばならなくなる存在）によって形成される新たな世界を出現させることだ。これにより、いわゆる「環境」論争を引き起こすとされる世界中の多くの参加者たち（食肉、原子、森林、ウィンドタービン、ワクチン、自動車、レンガ、殺虫剤、魚類、種子、河川）がそれぞれに動き出し（彼らはもはや平凡な存在ではない）、また新たな紛争が持ち上がる。もっともそこには変化もある。もはやこの新たな紛争においては、それらが組織化されることも、認識可能な図として描かれることもないということだ。

過去二世紀をかけて設置されてきたのが、あの途轍もない装置、巨大な遠近画法である。これがあらゆる紛争を組織化し、大雑把ながらも人々の行動を可能にしてきた。人々はこの装置のもとで努力し、正当性を固守しなければならなかった。そこに見られたのは富者と貧者の区分から発生した紛争、そして労働者階級と資本家階級の区分からさらに先鋭化して発生した紛争である。もし私たちが抽出者と修繕者という用語の区分を受け入れるなら、この新たな区分に基づく紛争も、その偏在性、強度、乱暴さ、複雑性からして、以前の区分の紛争と類似した役割を演じるだろう。ただ今回の紛争では人間だけでなく、より多くの生き物 living things も動員される。その紛争を「グローバルなもの」と表現するのはあまりに婉曲的すぎる。なにしろこの紛争では世界それ自体の在り方が賭けられているのだから。しかも、対立する二者間では世界の定義そのものが根本的に異なる。何よりこの紛争は、多数の断面図の中でも特に古い部類に属する境界 lines を横切っている。その事実を、私たちは**黄色いベスト運動**[47]から学んだ。**インターセクショナリティ**[48]という用語はちょうどよい時期に現れた。この用語は人間同士の紛争における今日的新奇性を把握するために作られたものだが、抽出者と修繕者の紛

47 二〇一八年一一月一七日（土曜日）からフランスのパリを中心に断続的に行われている政府への抗議運動。若者を主体に人間の生、地球環境、現実政治等のあり方を根本的に問う運動として世界的に注目されている。

48 重なっている、または交差している社会的アイデンティティや、関連する抑圧や差別のシステムを指す。

争を定義づけるにはさらに適している。そこではあらゆる異なった賭金に対して、戦線の境界の引き直し、編み直し、繕い直し、修復し直しが、さらには他のテリトリーの他の同盟とのつなぎ合わせが求められている。

近代の古い遠近画法は、〔大文字で始まる固有名詞としての〕経済 Economy に依存していた。そういえるのは、対立する二者間の不公正が「生産システム」内での人々の配置によって決まったからだ。しかし今ここで起きている新たな奇妙な戦いにおいては、経済は表面的な覆いにすぎず、もはや私たちが扱っているのは「生産システム」ではない。今問題になっているのは**発生に関わる実践**であり、この戦いで問われているのは生き物 lifeforms の生存条件の維持、持続、それ以上に、その強化が担保できるかどうかである。生き物は、自身の行為を通して、まさに自身の覆いを維持する。その覆いの下で歴史が繰り広げられる。それもかつての階級闘争の歴史だけでなく、生存可能性をめぐる新たな階級闘争、同盟者間闘争、階層間闘争の歴史がそこに加わる。これはニコライ・シュルツ〔一九九〇〜、デンマークの社会学者〕が「**地 - 社会階層** geo-social classes」という論題のもとに研究しているものだ。シュルツによれば、この闘争が戦われるのは「人間の非人間への変貌 the becoming-non-human of humans」をめぐってであり、「不公正」をめぐるものではない。もはや貪り食われるのは、〔大文字始まりの〕経済による「剰余価値」ではなく、私たちの「生成能力 capacities for geneses」、生存あるいは発生に関わる「剰余価値」のほうなのだ。

さてそうなると、抽出者と修繕者の二陣営の戦いとして組織化すればよいということか。否、そうした組織化は結局、不可能である。「陣営」という概念は革命期にのみ意味を持つからだ。革命とは、人民が一つの世界から別の世界への根本的かつ全一的な**置き換え**をイメージし、そこにいわば弁証法的な大ぶりの回転swingと、限られた時間内での一貫的かつ一体的な操作を過激に加えることで成就するものである。実にやりきれない皮肉だが、この置き換え、大ぶりの回転は実際には**もうすでに起きている**。まさしくその**置き換えられた世界**こそ、近代化された世界なのである。そして私たちは今、近代以前の世界――少なくともその残余の世界――に戻ってそれを繁栄させるために、近代世界からどうあっても抜け出したいと願っている。人新世〔本書注42参照〕こそその全体革命の名称であり、それは栄光の年、一九八九年に私たちが「共産主義に対する勝利」を祝っているさなかに、まさに私たちの足元で起きた。ともかく私たちはこの全体革命によって今も奇妙な敗北を続けているわけだ！

　現在進行中のすべての戦いを殊更奇妙なものにしているのは、今私たちが真の戦いを戦っていること、それが死をもたらす撲滅戦争であることに拠る。ただし、この戦いは、二つの陣営に組織化できるものでも、一方が勝利し他方が敗北するという性質のものでもない。特に、同じ旗のもとに結集したいと望むならアイデンティティなるものの存在を信じる必要があるが、現在の危機が明らかにするのは、まさにこのアイデンティティなる概念の限界なのである（その概念がいかなるものであろうとも）。今や敵はどこにでもいるし、何よりまず私たち自身の内部にいる。なぜならその敵は、物体thingsの、予期せぬ仲介を経て、私たちのテリトリー内に実際に巧みに入り込んでくるからだ。物体が自身の動きを再開したのである。ところが私たちはその動きを見分けることができない。それらを単なる「不活性な物体」と解釈し、実際それらを「自分たちから掛け離れたもの」と見なしてきたからだ。大地 soil を修復するために土壌の一粒一粒の性質を再編成する義務がそこから生じる。クリティカルゾーンのあらゆる細部がそれ自体として世界を形づくり、それが私たちを包み込み、私たちに義務を押しつけてくる。私たちはその細部に向き合わねばならない。

だからこそ私は、ここでの大共同プロジェクト〔本書第9章参照〕がこしらえた羅針盤に自らの足を載せ、こう自問するのだ——「今、私自身が繰り広げている非常に小さな行為の数々は、これまで便益を受けてきた様々な存在の生存条件を増進しているのか、それとも抑圧しているのか」。それらの存在はひたすら数を増やし続ける。ホロビオンツはすべてのレベルで互いの溝にうまく入り込み、連なって、伸び広がっているのだ。かつては、「前進を加速させ」、この世界を別の世界〔近代世界〕に置き換えようとする政治文化、政治感情が至るところに見られた。逆にいえばそこには、「**この世界の、別の世界への置き換えを中止させるために、地球に私たちを合わせる**」といった心揺さぶるような政治文化、政治感情は存在しなかった。この置き換えは、私たちの感情、態度、情動、あるいは「行為の意味」といったすべてに及んだ。何とも哀れな近代人よ。あなたはなぜ以前のそうした人間に再び戻り、すべての結びつきから離れて、進歩の道をただひたすらたどりながら声を限りに生きようとするのか。それもすべて外で、外部で！——その理由が今の私たちにはよくわかる。グレゴールの苦難よ。それでも彼は、そうした誘惑に身を任せてしまうことが自分の魂——そして私たちの魂——を確実に失わせる結果になることを、即座に理解したのである。

13 すべての方向に拡散せよ

「繰り返されるロックダウンを形而上学的経験に読み換えて、そこから教訓《レッスン》を引き出そうとは実に奇妙な試みだ」――それは私自身がよくわかっている。しかし私たちがここで実際に扱っているのは形而上学的経験とはまったく逆で、物理的――メタ〔変形〕物理的、インフラ〔下部〕物理的、パラ〔近似〕物理的――な経験についてなのである。私たちはロックダウンの厳しい試練を通じて、それを経験した場所がどのようなところかを依然知りえていないことに気づいた。私たちは今、なぜか自分たちを取り囲む物体 things の一貫性、抵抗反応、生理機能、共振、化合、重なり合い、特性、物質性 materiality というものを、かつて感じたようには感じられないでいる。近代人は、かつては時 times を操作したいと望んだが、今は空間 space の中に自分をどう位置づけたらよいかを学び直さねばならなくなっている。ほんの二年前〔二〇一九年〕、私たち研究グループは気候問題への人々の感受性の欠如について、その原因を探るセミナーをいくつか組織した。今、気候が大問題だと気づいていない人はいないだろう。皆、そのことは知っている。しかしそれは、この問題への対処の仕方を知っていることと同じではない。「私たちに何ができるのか。どうすればそこから脱することができるのか」という政治的問いの背後からもう一つの問いが、すなわち「**私たちは一体どこにいるのか**」という問いが突然出現したのだから。ロックダウンと恐怖のマスク――私たちの顔を半ば呑み込み、窒息させんとするマスク――のおかげで、私たちは政治的岐路の背後で起きている**宇宙論的**岐路というものを実感するようになった。いずれにせよ、私たちはこれまで「不活性な物体」に遭遇したことなど一度もない――あるものすべてが生き物 living things の作用によって造り出された都市で、それ以上に、あるものすべてが生き物の行為の痕跡によって維持される田舎で、そのようなことなど起こりうるわけがない。

宇宙論的岐路の出現はもちろん今回が初めてではない。特に一六世紀と一七世紀の折り返し地点がそうだったように、「未来の産業国家」は同じ類の岐路を多数通り抜けてきたはずだ。一六、一七世紀に至るまでは、「未来の産業国家」は古くからの有限宇宙に閉じ込められていると感じていた。ところが一六、一七世紀に入るとそこから引きずり出され、猛烈な勢いで無限宇宙へと移送された。無限宇宙は、「新世界」による暴力的な差押えによって描き出されたものである。暴挙はコペルニクス〔一四七三～一五四三、ポーランドの天文学者〕からニュートン〔一六四二～一七二七、イギリスの物理天文学者〕に至る衝撃的な科学的発見によって強化されたが、この最初の姿形 metamorphosis にうまく対処するには法律、政治、建築、詩歌、音楽、政府、そしてもちろん科学も、すべて徹底的に見直さねばならなかった。そこから、「地球は数ある惑星のうちの一つとなり、回転を始めた」とする考えが承認された。ガリレオ〔一五六四～一六四二、イタリアの物理天文学者〕以来、人々を捉えたのは、「私たちは**もう一つの世界**に住むことになった」という考え方である。「もう一つの世界」とは、地上に移送され、接ぎ木され、移植された宇宙を指す。地球 Earth は実際には宇宙とまったく異なる物質から出来ているにもかかわらず、この「もう一つの世界」が別の世界〔天国〕の**真下に**現れたわけだ。歴史は今一度、本来の姿に近づくことができるのだろうか――それは落とし穴だらけの歴史である。そして、どうすれば私たちは筋道を見失うことなく、この特殊な性質を持つ歴史の中に身を包むことができるのだろうか。

　今日、世界は再び回転している。もっとも、今は自分の**ペースで**自分の**力で**世界は回っている。そして私たちはその只中にいる自分自身を再び見出している。クリティカルゾーン〔本書注8参照〕に埋め込まれ、幽閉され、缶詰状態になっている自分だ。どう見ても、以前のようなあの偉大な解放の素振りを取り戻すことはできそうにない。むしろ洗濯機のドラムの中に入れられた洗濯物のように自分自身を感じている。圧力と高温のせいでドラムは猛烈な勢いで回っている。私たちは今一度あらゆるものを再創造せねばならない――法律、政治、芸術、建築、都市。しかし、もっと意外なのは、私たちが作り直さねばならないものは私たちの動作、私たちの行為のベクトルにまで及ぶことだ。無限に向けて突き進むことは厳禁となった。有限性を前に**後退すること**、**プラグを抜く**[49（一七五頁）] unplug ことを私たちは学ぶ必要がある。それがあなた自身を解放するもう一つの方法、あなたらしい感じ方のもう一つの形、奇妙ないい方だがあなたの**反応**を取り戻すもう一つの姿形なのである。そう、困ったことに「反応する reacting」は「反動的 reactionary」と同じ語源を持つ。それはよくわかっている。しかし、実際に私たちが毎度挫かれてきたのは「前に向かおうとする行為」であるからには、たとえ反動的と見なされようが、今は**後退する**ことを学ぶべきだ。それが私たちを幽閉状態から解き放つ。私たちは「動きを生み出す力」「行為能力」を回復しなければならない。カニの動き、ゴキブリの動き、他の生き物 other forms の動きを身につけねばならない。そのためには昆虫になる体験が何より重要である。我らのグレゴールが生み出すリズミカルな這い方 reptation にこそ、美しさと躍動が隠れているのだ。

ここでの逆説を明らかにしておこう。「**アース・オーバーシュート・デー** Earth Overshoot Day」[50]（地球資源容量の超過日）の算出ほど秀逸な表現法はほかにない。算出結果は、地球の空間的な破綻を、時間的な破綻として表示する。たしかにそれは形式的なものにすぎないが、個々の国民国家にとって次第に明らかになるであろう「その運命の日」を私たちに教えてくれるものだ。すなわち、惑星地球が一年間に供給しうる資源総量のうち、個々の国家に利用可能な容量を割り当て、各国の「生産システム」（廃れた用語を使うとこうなる）を年始めの一月一日から毎日利用した場合、人類全体としてそれをいつ使い果たすことになるか、それを月日で表示するのである。各国がそこでの限界内——少なくとも現在認知できる限界内——に留まるためには、その期日をできるだけ**先送りする**必要がある。理想的な先送り日は一二月三一日である。しかし現状はもちろんそこまでたどり着けない。現実をいえば、人類全体で見た場合、限界値は七月二九日に突破される。したがってその期日以降一二月三一日までは「〔地球の〕資源力を超えて」、つまり人類が惑星地球に負債を負った形で生活していることになる。明らかに、五カ月分の負債が繰り越されている――先送り分は翌年度の査定に繰り入れられるのだ！

この算出結果は、前章で見た抽出者Extractorsと修繕者Mendersとの間に生じる対立の遍在性と、そこに潜む暴力を垣間見せてくれる。抽出者は無関心ゆえに、オーバーシュート・デーのさらなる前倒しを止められない。もし彼らのやりたいようにさせていたら、私たちは一年分の資源を二月二日の聖《せい》燭《しょく》節〔聖母マリアの清めの祭典〕前に使い果たしてしまうだろう。一方、修繕者はできる限り、その期日を先送りしようとする――もちろん理想的には大晦日までの先送りだ。さすがにそれは難しい

49（一七三頁）「プラグを抜く」とは、経済中心主義の私たちの産業社会、「産業的」生活全体に嵌め込まれたプラグ（栓）を少しずつ抜き、近代文明を支えてきた知の体系と人々の習慣との癒着から抜け出すことで、まったく新しい生活様式、ものの見方、学問の方向を目指す考え方をいう。イヴァン・イリイチ（一九二六～二〇〇二、オーストリア出身の思想家）による用語。山本哲士編『経済セックスとジェンダー』（シリーズ・プラグを抜く1、新評論、一九八三）の「編集後記」を参照されたい。

50 アース・オーバーシュート・デーとは、地球資源容量の超過日。地球がその年一年間に供給できる資源を、人間活動が何日間で使い果たしてしまうかを日付で示すこと。アメリカ、ベルギー、スイスで同時に設立されたＮＧＯ「グローバル・フットプリント・ネットワーク」が、毎年、地球のバイオキャパシティ（環境収容力。地球が再生できる量）および人間の需要（資源消費量）をもとに算出している。二〇二三年の世界全体のアース・オーバーシュート・デーは八月二日。次注も参照。

目標だが、何と二〇二〇年の北半球の春、その一定の先送りが実際に生じた。ロックダウンのおかげで、私たちはオーバーシュート・デーを三週間も**遅らせる**という記録を作ることができた。二〇二一年のオーバーシュート・デーはほんの少しだけ遅らせることができた――前年ほどの記録が出なかったのは、部分的な「経済再生」のせいである[51]（この「先送り」によって、他のテレストリアル〔地上的存在〕、もちろんウイルスもそうだが、キツネ、パーチ〔淡水魚の一種〕、カワウソ、イルカ、ザトウクジラ、コヨーテなどが少しは跳ねまわることができた。クロウタドリもそうだ。彼らのさえずりをよく耳にした）。

「地球のバイオキャパシティ〔環境収容力。地球が再生できる量〕内に身を置きながら私たちが暮らしている時間 the times we live in」と、その後の、「地球に負債を負いながら私たちが暮らしを立てている時間 the times we live off」および「その事実を無視し続けている時間」（一年のうちの、負債を抱えた残りの日々）――この二つの時間の境目をほんの二、三週間先にずらすだけで激しい試練が生じる。それを想像するだけで、抽出者と修繕者とが繰り広げる激しい権力闘争を知ることができる。わずか二、三日の先送りだけでグローバルな経済危機が起こるほどだ――さらなる二、三日の先送りを実現させる前にそうなってしまう。近代の古い遠近画法を維持したまま、階級闘争の各陣営〔抽出者の集団〕が満場一致で「生産開発」を支持しているような場では、「オーバーシュート・デーの先送り」に必要な課題を見出すことはできない。特に、オーバーシュート・デーの前倒しに加担する人々が多ければ多いほど、また強力であればあるほど、なおのことそうなる。人々にとっての真の課題は、もはや開発 development に関わるものではない。ロックダウンの論理に従ったいい方でいえば、私たちの真の課題はすべて**包囲** envelopment に関わるものとなっている。もし私たちがこれまでのような古くからの階級闘争の中に飛び込み、その闘争に参加しなければならないとすれば、果たして「自らを解放する」という考えを保ち続けることは可能だろうか。むしろ、昔ながらの人間に戻りたい、以前の姿形 metamorphosis、すなわち「偉大なる発見」が提供する姿形――それは無限宇宙への逃走を祝福する――に執着したいという誘惑に駆られてしまうことは容易に想像できる。

ただ、仰天すべきことに、私たちはもうすでに、その全員が新たな姿形を手にしている。私たちは知らないうちに**変身**していたのである。というのも、「国際（国家間）秩序」として知られる政治的地平は、今日では「包囲膜の維持」という挑戦的課題のもと、どこから見ても完璧に、明確に、すこぶる公然と定義されているからだ。現在の歴史はその包囲膜の中で展開する。この包囲膜は球体 sphere の中、泡 bubble の中、そして暫定的に定められた、あの有名な「世界平均気温二℃上昇以内」[52（一七九頁）]という境界の間に存在する。**新気候体制** New Climate **Regime** は明らかに新しい政治**体制**である。国内政治だけを見れば、あなたはそうは思わないかもしれないが、グローバルな政治はすでにこの別の世界〔新気候体制下の世界〕に傾斜している。そして、包囲膜に監禁された人々はその世界の前触れに

51　二〇二〇年の世界全体のアース・オーバーシュート・デーは八月二二日、二〇二一年は七月二九日だった。ちなみに二〇二一年の日本のアース・オーバーシュート・デーは五月六日で、世界のそれより二カ月も早い結果になった。

すでに接しており、監禁を拒む人々はその世界を前にして恐怖に打ち震えている。その世界はもはや人々が決して逃れることのできない世界なのである。人々は手足を曲げられ、制限を課され、一種の薄膜、テント、空、大気、空調の中でひとまとまりになり、その薄膜の中で他のエージェンシーと共に生きている。そしてそのエージェンシーも人々と共に生き、「不活性な物体」というかつての風景の形を取ることは決してない。

何とも驚くべきぐずつき。国際政治はもう根本的に変化したというのに、こうした大地 soil をめぐる**科学的**源泉の理解についてはまだ曖昧なままである。曖昧というより、言葉ではいい表すことさえできない状態にある。ところがすでに私たちは、地球こそが「生き物 living things という機構」を取り巻く危険な産物だと見なす証拠を暗黙のうちに受け入れてもいる――それが事実でないとすれば、なぜ私たちは、あの有名な「二℃以下仮説」を受け入れ、これをグローバルなレベル、国家のレベル、ローカルなレベル、個人のレベルで達成しようとしているのか。今日の私たちは、私たち人類に生存条件を提供してきた「生き物という機構」を、自分たちの行為によって弱体化させてしまったと感じている――漠然とした無数の経験が私たちにそう感じさせている。地球の破壊に加担することをもっと早くから本気で恐れていたなら、私たちはあの素晴らしい「**サーモスタット**」〔自動温度調節器〕の存在を、明確な事実としてとうの昔に受け入れていたに違いない。サーモスタットには「人間」〔まさに見込みのないアクター〕にもアクセス可能なダイヤルがついていて、調節を加えることができるようになっている。サーモスタットは二重のフィードバック・ループ〔自動調節の環〕を持ち、第一のループには自分の生存条件を自分で作り出すことのできる生き物 living beings が構えており、そのループに第二のループが嵌め込まれている。第二のループには、第一のループに属する生き物が作り出す生存条件に依存して生きる生き物が構えており、その中に「産業化を果たした人間」(彼ら自身、似通っていたり違っていたり、あるいは互いに味方であったり敵であったりする他の生き物の中で暮らす生き物である)の「活動」も収められている。「生き物という機構」はまさに二重のロックダウン、二重の包囲 envelopment、二重の混乱を生み出す場なのである。

地球 Earth すなわちガイア Gaia は、その科学的存在が依然としてよく知られておらず、これまで冷笑され否定されてきた。それが持つ形而上学的重要性もまだ人々には認知されないままだ。にもかかわらず、その政治的地平はすでに組織化されている。ガリレオのいう意味での「自転する地球」と、ジェームス・ラブロックやリン・マーギュリスのいう意味での「活性化する地球」とを対比させる分析[53](一八一頁)については(実際私はそれを、フレデリック・アイト=トゥアティとともに様々な方法で試してきた)、毎回多くの反響を呼んできたはずだが、ラブロックらが示す「科学的思考の枠組み転換」という考えが人々に受容される前に、政治的地平のほうが先に、特に公的政策——有名な国連気候変動枠

52(一七七頁) 近代にあって文明の不動の背景、「物理的枠組み」と見なされてきた自然は近年、きわめて不安定な状態にある。ラトゥールはそうした今日的状況を「新気候体制」と呼び、人間と自然は新たな関係性によって定義される激動の時代に入ったと見なし、「生産」ではなく「発生」をベースとしたシステムへの革新的移行を果たすべきだと議論する。

組み条約〔一九九四年発効〕――において組織化されたわけである。要するに、人々はいまだに従来の科学的思考の枠組みの中で、つまり「生き物 organisms の環境への『適応』」という前提をもとに、それを「単なる幸運の巡り合わせ」として捉え続けているということだ。人々は、「ある環境がある生き物にとって好ましくないとき、その生き物はその環境を改良することで、自らの生存条件を**整備**する」といったことなどまるで起こりえないかのように振る舞う。だから人々は、他の生き物 living beings の間にある存在としての自分たち人間（ただ、ひたすら先を急ぐ生き物だが）が、その活動を通して、好ましい環境あるいは好ましくない環境を作り上げることなど到底不可能だと考えてしまう。今や常識がぼろ布同然の状態にあっても何ら驚きではない。なぜなら今日の私たちは、一方で、「地球から脱出するために」できることはすべて実行しながら、他方では、「地球と共に生きていると見なして」行動するよう、自分自身に要請しているのだから。それこそ矛盾をはらんだ秩序というべきだろう！　もし私たちにとってそこで意味するもののすべてが**惑星地球の体制** planetary regime についてであるなら、それこそまさに、体制の危機といえるだろう。

近代という時代にあっては、国民国家こそが土地分割を組織化してきた主体だった。それが今、地球が権限を行使し、**国民国家**の**主権**様式に異議を唱え、それを挫き、崩壊させようとしている。何ということだ。しかもこの動きは、グローバル化現象〔人・モノ・金・情報が国や地域を超えて世界規模で結びつき、世界の一体化が進むこと〕として説明される話ではない。つまり「**上から**降りてきた主権」が主権国家に襲い掛かり、世界を正真正銘のただ一つの力、ある種の模擬「世界政府」を登場させるといった話ではない。そうではなく、この動きは地球自体が「グローバル」ではないことを意味する。地球が備え持つ振る舞い様式、拡張様式、汚染様式は、地球最古の細菌（バクテリア）が古代の地球を数センチの薄膜で覆うことに成功したときから何も変わっていない。現在の地球もまったく同じで、この薄膜が少しずつ厚くなり広範囲に広がっただけだ。しかもそれは、「一歩一歩」の着実な歩みから生み出されたものだ。だから四五億年を経た今も、その薄膜を形づくるクリティカルゾーンはわずか数キロの厚みにしかなっていない。この特殊な汚染形態、ウイルス的な振る舞い方を、帝国が想像してきたような幻惑的象徴権力で取り込むことなど到底できない。地球が備え持つ様式の中には宮殿も、ピラミッドも、写本も、牢獄も、柱廊も、円天井《まるてんじょう》 dome も、グローブ（球体）globe も存在しないからだ。もちろん宗教もなければ神体もない。

しかしそこには明らかに、集合的に見て自らを自立的存在 autonomes、自主的存在 autochthones として記述できる生き物がおり、彼らは彼らに委ねられた権力形態のもとで多面的、多層的な実践を展開している。厳密にいって、自家栄養生物 autotrophs〔本書六三頁参照〕だけが自らを、ガイア——

53（・七九頁）「ガリレオの『動く〔運動する〕地球』を完全なものにするには、ラブロックの『動かされる〔反応として動く〕地球』をつけ加える必要がある」〔前掲ブルーノ・ラトゥール『ガイアに向き合う』一一七頁〕。ラトゥールによれば、ガリレオが地球と他の天体との類似性を突き止めようとして、地球を重力作用によって自由落下する他のすべての天体の一つとして位置づけようとしたのに対し、ガリレオ後の三世紀半を経て、ラブロックらは、地球の運動や振る舞いの特殊性——その色や匂い、表面、手触り、起源、加齢、死……——をいくつも見出すことになった。

私たちが通り抜けたり置き去りにしたりすることのできない惑星地球 planet——由来の存在として記述することができる。その意味で**ガイアは主権者** sovereign **である**。ただしこの主権者は、一鎖一鎖重ねられた連結を通して**下から**構成された存在だ。**グローブ**〔**球体**〕の形態すべてが「人類帝国」から借りてきたものであるにもかかわらず、これまで地球 Earth についての表象にはことあるごとにグローブの形態が滑り込んできた。しかし実際には、地球にグローブとして表現できるものは何一つないのだ。私たちはたしかにこの地球に閉じ込められてはいるが、地球の囚人というわけではない。私たちはその中に**包み込まれている**だけだ。私たちの自由とはそこを脱出することではない。地球の持つ含意、地球の襞、地球の重なり合い、地球の縺れ、これらを踏査していく中でこそ、私たちの自由は保証されるのである。

ガイアの拡張は、間違いなく私たちに、かつて国家が独占していた主権形態を引き割くよう強いるはずだ。あたかもそれは、ガイアが私たちに主権形態をよりよく再分配させるために、これまでの独占的主権形態を次々と剝離していくようなものだ。それは驚きではない。実際、これまで支配的であった政治的存在の輪郭は、一六世紀、一七世紀（ジャン・ボダン〔一五三〇〜九六、フランスの経済学者、法学者〕やホッブズ〔一五八八〜一六七九、イギリスの哲学者、政治学者〕の時代）の古い宇宙論に依拠したものにすぎない。それこそまさに、国民国家が惑星 planet（古い意味での、上から見たところの惑星体 planetary body）を四角くすることで最終的に確立しようとした（キロメートルで測る）尺度である（この尺度のもとで、国民国家は紛争状態にある国家や、壊れやすい同盟関係にある国家を急遽継ぎはぎでまとめようとした）。今回、ロックダウンが私たち全員に戦うよう促したもの、それが、この上からの位置化だったのである。

国民国家の尺度に対して、テレストリアルは異なる尺度を採用する。それは生き物 lifeforms の連結度合いという尺度である。テレストリアルはこの尺度のもとで常に干渉するよう求められる。またそのために、自らの対象となるそれぞれに関して、小さなものと大きなものとの関係、分離したものと連結したものとの関係、早いものと遅いものとの関係がどのような意味を持つのかを常に自問するよう求められる。地球に関連した存在で国境内に限定されるものなど一つとしてないし、国際（国家間）関係としてカバーできるものなど賭金のうちのほんのわずかな部分にしかすぎない。だから私たちは、自身の足元で今起きている体制変化をどのような保護、司法、警察、貿易形態のもとに集約させるかを、――もちろん国家の囲い地の中にそれらを圧縮することなしに――問い続けなければならない。抽出者と修繕者の対立はすべてそうした権力の再分配をめぐるものになる。周囲からの承認を死に物狂いで求めるテリトリー〔本書注22参照〕は常にあらゆる境界 border の**両側に**存在する。したがって、境界 limits という概念の限界 limits を飛び超えていくことこそが自由を開く新たな方法となる。

興味深いことに、テレストリアルの尺度に基づく法 law が採用するやり方は、起伏を伴う、漸進的な普遍化の形態に酷似している。それは「一歩一歩進む」というやり方だ。それは何なのか。その法の名前は？　地球の法？　ガイアの法？　その通り。常にテレストリアルのもとに存在する地球の法、ガイアの法は、その痕跡を歴史学者や人類学者があちこちに見出してきたものだ。ところがその法は、「自然法 natural law」とも(「自然 nature」はテレストリアルに一度もモデルを提供したことがない)、また帝国の法とも似ていないため、ひたすら無視されてきた。弱々しい法だが、しかしこの法こそが正真の主権ともいえる法であり、この法こそが境界という概念に対して限界を押しつける。それは他者全員にとってのノモス〔本書注12参照〕といえるものであり、法の母国 motherland of law ともいえるものである。いずれにせよ、依然としてノモスは認識不可能、確証不可能な、**最も神聖なる大地** Sanctissima Tellus〔ラテン語〕のままだが、テレストリアルが自らを超えていく存在や自らに供給し続ける存在の、「外側」ではなく「内側」に位置するようになったその瞬間から、すでにどこにでも姿を現しているものなのだ。

となると、もしあなたが今回のロックダウンを祝福し、自分たちをガイアの主権のもとに置こうと努めているとしたら、まさしくそれは、自分たちのこれまでの歴史〔近代の歴史〕を終焉に導こうとしている行為にほかならない。それを素直に認めるべきだろう。そう、自分自身を目覚めさせるために、もっと厳しいいい方をすれば、自分自身を骨抜きにするために、それを正直に告白することだ。イノベーション〔新基軸〕はどこにあるのか。創造性はどこにあるのか。私たちはどのようにすれば満足、安楽、繁栄を回復することができるのか。どのようにすれば、あの大切にされてきた言葉、「自由」を祝福し続けることができるのか。

修繕者ならこう回答したくなるだろう。

それにしても、一体誰がこんなことをいったのか――「テレストリアルは〔近代人のように〕繁栄したいわけではない」「私たちは〔近代人のように〕自由になりたいわけではない」「私はあなたたち〔=近代人〕が私たちを閉じ込めてきた場所から最終的に自由になりたいわけではない」。もし私たち産業社会の人間にとってガイアと共有できる何かがあるとすれば、それは自然ではない。それはむしろ、人工的な策略、創造する力のほうであり、また、自分たちに寄与する法以外には従わないとする矜持のほうなのだ。奇妙に思われるかもしれないが、この創造的で、散り散りになった、間違いなく控えめな力、つまりガイアの力を最良の形で捕捉したいと思うなら、テクノロジーを通すことが重要だ。地球は「グリーン」でも「原初的」でも「手つかず」でもない。それは「自然なもの」ではなく端から端まで人工的なものだ。私たちは地球と共に揺れ動く自分自身を、田舎で感じるのと同じように都会でも感じることができる。ジャングルで感じるのと同じように実験室でも感じることができる。そもそも、地球の拡張を必然化したり不可避にしたりする何かが「原初の条件」の中にあったわけではない。地球の持続性を必然化したり不可避にしたりする何かが「現在の条件」の中にあるわけでもない。地球の激しさが最もはっきりと現れるのは、イノベーションの一つひとつにおいてであり、構造、機構、装置の一つひとつの細部においてである。生き物 lifeforms は悠久の時間の一コマ一コマにおいて、「原初の条件」のうちのほんのわずかな部分のみを活用して生き延びてきた。人間が持つ発明の才も「現在の条件」の中でこの全体的プロセスをさらに一歩一歩進めてきた。人間はメンデレーエフ〔一八三四~一九〇七、ロシアの化学者。元素の周期律を発見〕の元素周期表を次から次へと下降して行き、原子の組み合わせをさらに大量に動員した。こうした発明の才が地球にとって敵になるわけではない。まったく逆である。イノベーションと人工的策略はこの世界を回し続けるのである。不公平と悪事は人間の無頓着な態度から生まれるものだが、そうした態度こそが人々に限界を無視できると感じさせ、**限界下の状況を好転させる**方法を見失わせてきたのだ。さらにいえば、そうした方法はまさに、人間以外の生き物たち、すなわち細菌、地衣類、草木、木々、森林、シロアリ、ヒヒ、オオカミ、そしてヴィンシアン・デプレ〔本書一〇六頁参照〕の友人のタコまでもが獲得してきたものなのだ。

そうすると、今日問題となっている病は一体どこから来るのか。この病は、私たちの創造力をオフショア〔域外〕というただ一つの方向に向かわせ、創造力自体を麻痺させている。明らかにその病は、限界を超えることを通して創造力を〔オフショアという〕単一の目標に向かわせる、奇妙な曲解から来ている。限界を超えさえすれば私たちはこの世界から簡単に脱出できるようになり、**限界下の状況を好転させる**必要もなくなる——そう理解するのだ。さらに曲解を進めれば、地上に天国を打ち立てることだってできるようになるわけだ。二つの曲解のうち、前者の限界超えはこの世界からの脱出を目指す「擬似宗教的形態」であり、後者の限界超えは地上への天国の導入を目指す「擬似世俗的形態」である。それこそイヴァン・イリイチの恐ろしい**警告**——「最高のものの堕落こそ最悪である」の意味するところだ。それはガイアを拡張し、引き延ばし、複雑化し、確立するやり方ではない。最終的にガイアは、たとえ部分的にであれ、自らを規制するような目標など一つも持ち合わせていないのだ。ガイアは大きく手を広げ、砕け散り、そして消散する。これに対し、私たちに前進を強要するもの、ポスト人類になることを夢見させるもの、「神のように」生きることを想像させるもの、これらすべてが、新たな方向づけのために必要な唯一の力（手探りをする、自分たちの失敗を振り返る、踏査をする）を私たちから奪っている。とにかく私たちはそのことに気づくべきだ。以前の世界では前進すること、オメガポイント〔本書注39参照〕にひたすら向かうことが、たしかに意味を持ったかもしれない。しかし、私たちがかつての生存条件――私たちはその残存物を修繕する義務を負う――の内側に戻り、新しい世界に転げ込んだ今、私たちにとって最も重要な動き方は全方向に向けて散り散りになること、そしてそのための能力を得ることである。私たちにその時間があることを願う。

さあ、あなたは着地した。地球に衝突したものの、あなたは爆心地 ground zero から自身を脱出させた。あなたは歩み始めている。マスクを着けながらも、その声は辛うじて聴き取ることができる。それはグレゴールや私の声と同じだ。あなたはもぐもぐとこう述懐する――「**私はどこにいるのか**」。そしてこうつぶやくかもしれない――「私は何をしているのか。森で迷子になった人間がデカルトの忠告に従ったように、私も一直線に前に進むべきだろうか」と。そうではないだろう。できる限り散り散りになることが重要だ。広く拡散し、あなたの生存能力、共謀 conspire 能力をできるだけしっかりと見つめ直すことだ。あなたが着地した場所を居住可能にしているエージェンシーと共に、そうするのだ。今再び天国、空〔天国の変形版〕の天蓋《てんがい》が重くのしかかっている真下で、「新たな」物質と混じり合った「新たな」人間たちが、「新たな」生き物 living things と混じり合った「新たな」人民 peoples を形成するのだ。こうしてあなたはようやく自らを解放する。あなたは永遠のロックダウン状態を受け入れることによってロックダウンから抜け出す〔＝自由を獲得する〕。今、まさにあなたは**変身途上**にあるのだ。

14 さらなる読書の提案

本書は哲学的寓話スタイルで書いた。新気候体制 New Climate Regime〔本書注52参照〕がもたらした宇宙論の変化を消化するにはロックダウンの厳しい試練の意味を変えることだが、その最も効果的な方法がこのスタイルだと思うからだ。また本書は、実に多くの友人たちとの多面的な協働作業を通して実現した。この第14章では、私を発奮させた研究課題の主要なものを各章ごとにまとめてみたいと思う。どのような書物をもホロビオンツ holobionts〔本書七〇頁参照〕の集合に変貌させてしまう、そうした多くの重なり合いについてここでは詳細に説明するつもりだ。

多くの著述家が私の原稿を通読することに同意してくれた。以下の人々に対しては特に感謝に耐えない。アレクサンドラ・アレンヌ〔イギリスの環境人類学者〕、アン＝ソフィ・ブレッドウィラー〔フランスの社会学者〕、ピエール・シャルボニエ〔フランスの哲学者〕、ヴィヴィアン・デスパウス〔フランスの環境政策研究者〕、ジャン＝ミシェル・フロドン〔一九五三～、フランスのジャーナリスト、映画批評家〕、エミリ・アッシュ〔フランスの哲学者〕、デュソン・キャジーク〔フランスの政治人類学者〕、フレデリック・ルゾー〔フランスの神学者、哲学者〕、バティスト・モリゾ〔フランスの哲学者〕、ニコライ・シュルツ〔デンマークの社会学者〕、イザベル・ステンゲルス〔ベルギーの科学史家、科学哲学者〕、フレデリック・アイト＝トゥアティ〔フランスの演出家、歴史学者〕、ヴェロニカ・カルボ〔フランスの人類学者〕、メイリス・デュポン〔フランスの社会学者〕、エドゥアルド・ヴィヴェイロス・デ・カストロ〔ブラジルの人類学者〕――これらすべての人々が原稿を熟読してくれた。人によっては繰り返し何度も読んでくださった方もいる。そして過去二五年間、常にそうだったように、編集者のフィリップ・ピニャーレは、この本は「重力の法則」をも覆す力があると称してくださった。心より深謝する。

1
第1章「シロアリになる一つの方法」では、フランツ・カフカ〔本書注2参照〕の『変身 *Die Verwandlung*』（フランス語版 *La Métamorphose*, trans. Bernard Lortholary, Garnier-Flammarion, Paris, 1988, 英語版 *Metamorphosis and Other Stories*, Penguin books, 1992）を発想のベースとした。「逃走方向 line of flight」〔本書三二頁参照〕という考え方はもちろんジル・ドゥルーズ＋フェリックス・ガタリ『カフカ――マイナー文学のために』（宇派彰・岩田行一訳、法政大学出版局、一九七八）から借りたものだ。『変身』の登場人物の発話と重なる表現を見出すには、ミカエル・レヴィナス〔一九四九〜、フランス現代音楽の作曲家、ピアニスト〕のオペラ『リールのオペラ座 *Opéra de Lille*』(2011)を観賞するのがよいだろう。オペラの抄録版をオンラインで視聴することができる(ictus.be/listen/michael/levinas-la-métamorphose)(この件について気づかせてくれたシャンタル・ラトゥールに感謝する)。

シロアリについては、私が所蔵するエドワード・ウィルソン〔一九二九～二〇二一、アメリカの昆虫学者、社会生物学者〕の古い書物『昆虫の社会』(Edward O. Wilson, *The Insect Societies*, Belknap Press of Harvard University Press, Cambridge, Mass., 1971)を利用するので十分だったが、シロアリ(を含めた蟻全般)についてはデボラ・M・ゴードン〔一九五五～、アメリカの生物学者〕の書物に頼った(Deborah M. Gordon, *Ant Encounters: Interaction Networks and Colony Behaviour*, Princeton University Press, Princeton, 2010)。第1章の最後に言及した「自分の位置決め」の難しさについては拙著『地球に降り立つ――新気候体制を生き抜くための政治』(川村久美子訳・解題、新評論、二〇一九)を参照されたい。この書物はロックダウンの苦難以前に書かれたものなので、依然として状況を「上から from above」観察したものといえるかもしれない。本書『私たちはどこにいるのか』はまさにロックダウン衝撃後の報告となる。

2 パリ惑星物理研究所 Institut de physique du globe の地球化学者ジェローム・ゲヤデ〔本書四四頁参

照〕はフランス・ヴェルコール地方のサン・テニャンで実施された教育向けサマーキャンプに参加した流れで私の研究室を訪問してくれたが、第2章「依然かなり広い空間でのロックダウン」は、そのときの会話がきっかけとなって発想に至った思考実験をベースとしている。ジェロームはその後六年間にわたり、私が「クリティカルゾーン」〔本書注8参照〕について考える際の指南役であり続けた。私たち二人は、フランス語で「人間に固有の humaines」（英語では「社会的な social」）として知られる科学領域を地球の長い歴史につなげるべく、大いに苦労した。

ここでは同僚のティモシー・レントン〔本書五〇頁参照〕にも大いに触発された。特に、彼とアンドリュー・ワトソン〔一九五二〜、イギリスの地球科学者、大気・海洋・気象の専門家〕による共著『地球を作り出した諸革命』（Timothy Lenton and Andrew Watson, *Revolutions That Made the Earth*, Oxford University Press, Oxford, 2011）の影響は大きかった。ペーター・スローターダイク〔一九四七〜、ドイツの哲学者、社会学者〕は、生物にはそれ特有の、空調の利いた包囲膜から外へ「出る」ことは不可能であるという事実を強調しようとした。私はここでの試みを成功させるために、スローターダイクの手法に従うことにした。彼は三部作『球体 *Spheres*』を通して、特にその二巻目の『グローブ』（Peter Sloterdijk, *Globes*, Semiotext, 2014, trans. Weiland Hoban）の中で、自身の発見に対する形而上学的表現を提供してみせた。

ガイア Gaia 仮説〔本書注6参照〕を真剣に捉えるのでなければ、私たちが自ら逃れることのできないそのガイア＝地球の「内側」で、「人工的」都市と山の風景や大気とを相互に連結させることなど不可能である。ガイア仮説についての検討を始めてから、かれこれ一五年になる。第2章では、ティモシー・レントンとセバスティアン・デュトレイル〔本書四〇頁参照〕による論文「ガイアの役割とは実際何なのか」（Thimothy Lenton and Sébastien Dutreuil, 'What exactly is the role of Gaia?', Bruno Latour and Peter Weibel, eds, *Critical Zone: The Science and Politics of Landing on Earth*, MIT Press, Cambridge, Mass., 2020, pp.168-176）を要約して用いた。当論文が収録されている豪華なこの編著は、ドネイト・リッチ〔フランスのデザイナー、人文社会科学における、デザインを使った手法を研究〕がレイアウトを担当し、ドイツのカールスルーエ・アート・アンド・メディア・センターで二〇二〇年七月から二〇二一年八月にかけて実施された、同書と同名（「クリティカルゾーン―地球への着地に関する科学と政治」）の展示会に合わせて編まれたものである。本書にとっては発想源の一つになっている。

宇宙論のこうした転位がもたらす影響について理解するには、新しい科学からインスピレーションを得るとともに、私が四〇年間にわたって探究してきた新たな科学史や科学社会学がもたらす衝撃を吸収することが求められるだろう。実際、こうした科学はそれらが描写し変形しようとする世界の只中に位置づけられる。だからこそ「図示化された知識 illustrated knowledge」〔本書二五頁参照〕を重視する流れが主流となるのだが、逆にそれは私たちを科学史の要となる主題へと導くことにもなる。それに関しては、拙論 'Les "vues" de l'esprit. Une introduction à l'anthoropologie des sciences et des techniques', *Culture technique*, 14, 1985: 4-30にまとめておいた（私のすべての論文同様、この論文もウェッブサイト brunolatour.fr からアクセス可能だ）。

こうした科学史をめぐるテーマは、Catelijne Coopmans et al., *Representation in Scientific Practice Revisited*, MIT Press, Cambridge, Mass., 2014において展開され、また Lorraine Daston and Peter Galison, *Objectivity*, Princeton University Press, Princeton, 2010ならびにFrédérique Aït-Touati, *Contes de la Lune. Essai sur la fiction et la science moderne*, Gallimard, collection "NRG essais", Paris, 2011が真正面から取り上げたものである。「テレストリアル terrestrial」〔地上的存在。本書二七頁参照〕という概念については、拙著『ガイアに向き合う―新気候体制を生きるための八つのレクチャー』（川村久美子訳、新評論、二〇二三）で初めて登場させた。この概念には、属 genus や種 species を特定せずに、生き物や存在者の局地的 local な状況、連結関係を示すだけで利用できるという利点がある。

あえていう必要もないだろうが、ここでは寓話を展開する必要性から、地球と宇宙の違いを過度に単純化している。

3

第3章「『地球 Earth』は固有名詞である」では、人が自らを「位置化する localize」ときの二つの方法を対比させた。この二つの方法は本書全体にとって重要な役割を担っている。ここで示すような「単純な位置づけ」の、哲学的意味での危険性については、Didier Debaise, *Nature as Event: The Lure of the Possible*, trans. Michael Halewood, Duke University Press, Durham and London, 2017を参照されたい。またその危険性ゆえに、私はここで地図作成的な意味を与えることにした（Valérie November, Eduarco Camacho and Bruno Latour, 'The territory is the map: Space in the age of digital navigation', *Environment and Planning D: Society and Space*, 28, 2010:581-599を参照されたい）。意味づけにあたってはフレデリック・アイト＝トゥアティ〔本書一二一頁参照〕、アレクサンドラ・アレンヌ〔本書四三頁参照〕、アクセル・グレゴワール〔フランスの建築家〕が実施した壮大な実験を利用した（Frédérique Aït-Touati, Alexandra Arènes and Axelle Grégoire, *Terra Forma. Manuel de cartographies potentielles*, B42, Paris, 2019)。

　私たちは少なくとも地上においては、これまで「不活性な物体 inert things」〔本書三二頁参照〕に出くわした経験など一度もない――こうした考え方に慣れ親しむには、リン・マーギュリス〔本書三八頁参照〕＋ドリオン・セーガン『生命とはなにか―バクテリアから惑星まで』（池田信夫訳、せりか書房、一九九八／原書初版1986）が役に立つ。いわゆる「コペルニクス以前〔一六世紀以前〕の」宇宙論で使われていた伝統的用語（「月より下の infra-lunar」〔地上〕、あるいは「月を超える supra-lunar」〔地上の外〕）の再来〔本書三四頁参照〕という奇妙な現実を理解するには、アレクサンドル・コイレ〔一八九二～一九六四、ロシア出身、フランスなどで活動した哲学者・科学史家〕著の古典『閉じた世界から無限宇宙へ』（横山雅彦訳、みすず書房、一九七三、復刻版一九八七）とTimothy Lenton, *Earth System Science*, Oxford University Press, Oxford, 2016などを比較するとよい。ここで私は月を地上の外に出すことで（それは月という用語を別の道筋に乗せることになるが）、いわば領域の「端（縁《へり》）

edge」〔本書二二頁参照〕を移動させている。

バティスト・モリゾ〔本書三六頁参照〕は彼の著書すべてを通してダーウィン主義の明確化に挑み、動物にエージェンシーを取り戻させようとした。特に Baptiste Morizot, *Raviver les braises du vivant*, Actes Sud, Arles, 2020は参照が必要だ。さらに同書を論評したものとして、'Ce que le vivant fait au politique. La spécificité des vivants en contexte de métamorphoses environnementales'（Frédérique Aït-Touati and Emanuele Coccia, eds, *Le Cri de Gaïa. Penser avec Bruno Latour*, La Découverte, coll. 'Les Empêcheurs de penser en rond', Paris, 2021, pp.77-118がある。小文字で始まる普通名詞としての「生命life」と大文字で始まる固有名詞としての「生命 Life」の違い〔本書四〇頁参照〕は、Sébastien Dutreuil, 'Quelle est la nature de la terre' 前掲 Bruno Latour and Peter Weibel, eds, *Critical Zone*, pp.17-66が主題としたものだ。

ガイア Gaia という考え方に馴染むには、ジェームス・ラブロック〔本書注6参照〕の著書、特にその最初の作品『地球生命圏―ガイアの科学』（星川淳訳、工作舎、一九八四）を読む必要があるだろう。とはいえ私は、セバスティアン・デュトレイルの博士論文（Sébastien Dutreuil, 'Gaïa, Hypothèse, programme de recherche pour le système terre, ou philosophie de la nature?' *a doctoral thesis,* Université de Paris I, 2016）からより多くを学んだ。またガイアという概念の明確化に資するものとして、最近の二論文を挙げておこう。特に後者を薦める。Bruno Latour and Timothy Lenton, 'Extending the domain of freedom, or why Gaia is so hard to understand', *Critical Inquiry*, Spring 2019: 1-22. Timothy Lenton,

Sébastien Dutreuil and Bruno Latour, 'Life on Earth is hard to spot', *The Anthropocene Review*, 7, 3, 2020: 248-272.

ガイアには実に豊潤な神話的意味があるが、それに関する議論については前掲拙著『ガイアに向き合う』とともに、特に Deborah Bucchi, 'Gaia face à Gaïa' 前掲 Frédérique Aït-Touati and Emanuele Coccia, eds, *Le Cri de Gaïa*, pp. 165-184を参照されたい。

4

第4章「『地球 Earth』は女性名詞／『宇宙 Universe』は男性名詞」では、Jérôme Gaillardet, 'The critical zone, a buffer zone, the human habitat' 前掲 Bruno Latour and Peter Weibel, eds, *Critical Zones*, pp.122-130が扱った「クリティカルゾーン」という概念から話を始めた。この概念の価値が徹底的に矮小化されてきた経緯については、さらに同上書の第三部全体を参照されたい。

クリティカルゾーンに対する私たちの理解は、アレクサンドラ・アレンヌが編み出した「新たな空間の描出」〔本書四三頁参照〕のおかげで大いに改善した。これについての詳細な議論は Alexandra Arènes, Jérôme Gaillardet, Bruno Latour, 'Giving depth to the surface: an exercise in the Gaia-graphy of critical zones', *The Anthropocene Review*, 5,2, 2018: 120-135ならびにマンチェスター大学に提出中の彼女の博士論文に納められている〔この論文内容は、Frédérique Aït-Touati, Alexandra Arènes and Axelle Grégoire,

Terra Forma, A Book of Speculative Maps, trans. Amanda DeMarco, MIT Press, Cambridge, Mass., 2022に収められている〕。

クリティカルゾーン概念に見られる異質性〔本書五〇頁参照〕については、Susan Brantley et al., 'Crossing disciplines and scales to understand the critical zone', *Elements*, 3, 2007: 307-314ならびに前掲の私の共編著へのスーザン・ブラントリー〔アメリカの地球科学研究者〕の寄稿論文（Susan Brantley, 'The Critical zone paradigm-a personal view' 前掲 Bruno Latour and Peter Weibel, eds, *Critical Zones*, pp.140-141）に詳述されている。クリティカルゾーンの境界 limits は、選択された時代によって変わってくる。

本章の議論においては、イザベル・ステンゲルス〔本書一〇八頁参照〕が自著（Isabelle Stengers, *Thinking with Whitehead. A Free and Wild Creation of Concepts*, Harvard University Press, Cambridge, Mass., 2014／原書初版2002）の中で論評したアルフレッド・ノース・ホワイトヘッド〔本書一四〇頁参照〕の著名な概念「自然の二元的分裂[54] bifurcation of nature」の位置づけを、劇的な形で示すことができたと思う。エージェンシーの「割れ目 hiatus」〔本書四八頁参照〕、重なり合いという考え方については、拙著 *An Inquiry into Modes of Existence, An Anthropology of the Moderns,* trans. Catherine Porter, Harvard University Press, Cambridge, Mass., 2013を参照されたい。

ガイアの境界 limits〔本書五〇頁参照〕については、Timothy Lenton, Sebastien Dutreuil and Bruno Latour, 'Life on earth is hard to spot', *Sage Journals,* 7, 3, 2020 を参照されたい。あるいは前掲 Timothy

Lenton and Andrew Watson, *Revolutions that Made the Earth*をお薦めする。物理学が可能にした位置化localization〔本書三〇、五一～五三頁参照〕に関しては、Sharon Trawee, *Beam Times and Life Times: The World of High Energy Physicists*, Harvard University Press, Cambridge, Mass., 1988をはじめとして、科学史の中では数多の論文が主題としてきた。例を挙げれば、Peter Galison, *How Experiments End*, University of Chicago Press, Chicago, 1987など、また特に重力波研究においてはHarry Collins, *Gravity's Shadow: The Search for Gravitational Waves*, University of Chicago Press, Chicago, 2004がある。「発生engendering」に関わる問題の軽視と、ジェンダー問題の曖昧な扱いとの関係性については、エミリ・アッシュが以下の著作の中で検証している〔本書五四頁参照〕。Emilie Hache, ed., *De l'univers clos au monde infini*, Editions Dehors, Paris, 2014; *Reclaim: Recueil de textes écoféministes*, Editions Cambourakis, Paris, 2016. 彼女の最新の研究論文'Né-e-s de la terre. Un nouveau mythe pour les terrestres', *Terrestres*, 30 September 2020, terrestres.org.（https://www.terrestres.org）も参照されたい。さらに、Adele Clarke and Donna Haraway, *Making Kin not Population: Reconceiving Generations*, Paradigm Press, Chicago, 2018ならびにDonna Haraway, *Staying with the Trouble: Making Kin in the*

54　一方は、科学が知ることになる真正な事実、もう一方は、精神作用が付加するもので科学には不要なもの、すなわちプライマリークオリティ（観察者から独立した性質）およびセカンダリークオリティ（観察者に感覚を呼び起こす性質）を指す。本書注35も参照。

Chthulucene, Duke University Press, Durham and London, 2016も是非参照されたい。

5

第5章「連続して雪崩のように起きる、発生に関わる困難」で示したのは、発生 engendering に関わる困難が、それとはまったく異なる領域に見える身体 body の構成に関わる困難〔実際には二つは同類の問題〕に続いて生じているということだ。より詳細な議論は Bruno Latour, Simon Schaffer and Pasquale Gagliardi, eds, *A Book of the Body Politic: Connecting Biology, Politics and Social Theory*, Foundation Cini, Venice, 2020; bit.ly/2zoGKYz に見出すことができる。

この章では、まず、Deborah Danowski and Eduardo Viveiros de Castro, 'L'arrêt de monde', 前掲 Emilie Hache, ed. *De l'univers clos au monde infini*, pp.221-339に対する私自身の論評、ならびに拙論 'Troubles dans l'engendrement', *Le Crieur*, 14, October 2019: 60-74を議論のベースとし、次に政治経済学の不振という考え方をピエール・シャルボニエ〔本書六一頁参照〕の重要な書〔Pierre Charbonnier, *Abondance et liberté. Une histoire environnementale des idées politiques*, La Découverte, Paris, 2020〕から取り込むことにした。

これによって読者は、自家栄養生物 autotrophs と従属栄養生物 heterotrophs との違いについて〔本書六二〜六四頁参照〕、さらには地球の長い歴史について、前掲リン・マーギュリス＋ドリオン・セーガン『生命とはなにか―バクテリアから惑星まで』や Emanuele Coiccia, *La Vie des plantes. Une métaphysique du mélange*, Payot, Paris, 2016から多くを学ぶことが可能になるだろう。

個人（個体）主義 individualism の興味深い歴史については、Ayn Rand, *Atlas Shrugged*, Signet, New York, 1957を読んだ結果としてまとめておいた〔本書六七頁参照〕。このデカルト風の小説『肩をすくめるアトラス』は、Ayesha Ramachandran, *The Worldmakers: Global Imaging in Early Modern Europe*, University of Chicago Press, Chicago, 2015の中の 'Cartesian romance（デカルト風空想小説）' という格調高い一章で主題に取り上げられたものだ。

生物学と社会学のこうしたつながりについては、Bruno Latour and Shirley Strum,'Human social origins: Please tell us another story!', *Journal of Biological and Social Structures*, 9, 1986: 169-187を通して探究している。また前掲 Bruno Latour, Simon Schaffer and Pasquale Gagliardi, eds, *A Book of the Body Politics and Social Theory* も参照されたい。生物学的カスケード（連結）現象〔本書六八頁参照〕については、Eric Bapteste, *Tous entrelacés*, Berlin, Paris, 2018に当たるのがよいだろう。ただしここで含意されるホロビオンツやエピジェネティックス[55] epigenetics については、小冊子 Scott F.Gilbert and

55 生物の設計図であるゲノムの遺伝子はＤＮＡ上の塩基の並び順で規定されるが、塩基配列に変化はなくても遺伝子の使われ方は細胞の種類や環境に応じて後天的に変化する。この仕組みをエピジェネティックス（後成遺伝学）と呼ぶ。ＤＮＡの塩基配列変化を伴わない遺伝子発現調節機構に関する学問領域として一九四〇年代に提唱された。

David Epel, *Ecological Development Biology: The Environmental Regulation of Development, Health and Evolution*, Sinauer Associates Inc., Sunderland, Mass., 2015から学ぶことも多い。そこでの議論を簡略化したものがScott Gilbert, Jan Sapp and Alfred Tauber, ‘A symbiotic view of life: We have never been individuals’, *Quarterly Review of Biology*, 87, 4, 2012, pp. 325-341に見つかる。バクテリオファージ〔細菌や古細菌に感染して増殖する細菌ウイルス〕やウイルスの間で行われる生き物 living beings への重ね合わせについては、Charlotte Brives, ‘Pluribiose. Vivre avec les virus, mais comment?’, *Terrestres*, 14 june 2020および terrestres.org/2020/06/01/pluribiose-vivre-avec-les-virus-mais-comment から多くを学ぶことができた。

6

第6章「『ここ、この下界で』――ただし、そこに上部世界が存在しないとすればの話だが」では美術史を取り上げた。美術史に関しては、たとえばHans Belting, *La Vraie Image. Croire aux images?*, trans. Jean Torrent, Gallimard, Paris, 2007を参照されたい。また、Louis Marin, *Opacité de la peinture. Essais sur la représentation au Quattrocento*, Usher, Paris, 1989も重要だろう。宗教的姿形という問題に関しては、私自身が‘Quand les anges deviennent de bien mauvais messagers’, *Terrain*, 14, 1990: 76-91で追究している。その結果は、展示会のカタログとしてもまとめた（Bruno Latour and Peter Weibel, eds, *Iconoclash: Beyond the Image Wars in Scinece, Religion, and Art*, MIT Press, Cambridge, Mass., 2002. 特にJoseph Koerner による一章 'The icon as iconoclash', pp164-214は参照が必要だ）。「宗教的なもの the religious」と「霊的なもの the spiritual」とは無関連であるという見方〔本書七六頁参照〕については、拙著 *Rejoicing. Or the Torments of Religious Speech*, trans. Julie Rose, Polity, Cambridge, 2013で取り上げた。

天 heavens（すなわち空 sky）と天国 Heaven との融合を生んだ奇妙な歴史についての議論〔本書七五～七八頁参照〕は、エリック・フェーゲリン〔一九〇一～八五、アメリカの政治哲学者〕が『政治の新科学―地中海的伝統からの光』（山口晃訳、而立書房、二〇〇三）で示した「内在化 immanentising」という考え方に拠っている（前掲拙著『ガイアに向き合う』第六レクチャーでは、その考え方をさらに発展させた）。また、Clara Soudan, 'Spells of our Inhabiting', Edinburgh, 1979（博士論文）からも多くを引いた。これらにきわめて類似した考え方は、イヴァン・イリイチ〔本書注49参照〕の傑出した書物（Ivan Illich, *The Corruption of Christianity. Ivan Illich on Gospel, Church and Society*, CBC Ideas Transcripts, 2000）にも見出すことができる。同じ場所にこれまでとは異なる形で自分を位置づける方法〔本書八一頁参照〕については、アナ・チン『マツタケ―不確定な時代を生きる術』（赤嶺淳訳、みすず書房、二〇一九）ならびに同じ著者の *Friction: An Ethnography of Global Connection*, Princeton University Press, Pinceton, 2004から多くの知見を得た。

教皇フランシスコ『回勅　ラウダート・シ―ともに暮らす家を大切に』（瀬本正之・吉川まみ訳、

カトリック中央協議会、二〇一八）の影響を受け、「来世」という抜け穴を通らずに顕現を達成するという新たな課題が再始動したようだ〔本書八四頁参照〕。エドゥアルド・ヴィヴェイロス・デ・カストロ〔本書五八頁参照〕の薦めもあり、私はヴィーター・ウェステリー〔アメリカの神学者〕の実に不思議な著書『終末論と空間—古典神学と現代神学の失われた次元』（Vitor Westhelle, *Eschatology and Space: The Lost Dimension in Theology Past and Present*, Palgrave London, 2012）を貪るように読んだ。私はこの手の研究を、フランスのベルナダン大学との関係から、フレデリック・ルゾー〔フランスの神学者、哲学者〕そしてアン＝ソフィ・ブレイトウィレア〔大学教員、『回勅　ラウダート・シ』のコーディネイター〕と共同で遂行している。

7

第7章「経済を表面に浮上させて」では、多くの研究を登場させた。ここで議論した〔大文字で始まる固有名詞としての〕「経済 Economy」という考え方は、ティモシー・ミッチェル〔アメリカの政治学者〕に拠っている（Timothy Mitchell, *Carbon Democracy. Political Power in the Age of Oil*, Verso. London, 2011）。私のアプローチ法、特に経済化 economisation〔本書九一頁参照〕という概念については、パリ国立高等鉱業学校イノベーション社会学センターの同僚ミシェル・カロン〔本書八九頁参照〕の発想を借りた（Michel Callon, ed., *Sociologie des agencements marchands. Textes choisis*, Presses de l'Ecole nationale des mines, Paris, 2013; Michel Callon, *L'Emprise des marchés. Comprendre leur fonctionnement pour pouvoir les changer*, La Découverte, Paris, 2017; Michel Callon, Yuval Millo and Fabian Muniesa, eds, *Market Devices*, Blackwell Publishers, Oxford, 2007を参照されたい）。生産という考え方の限界 the limits of production〔本書八八頁参照〕については、マーシャル・サーリンズ〔一九三〇～二〇二一、アメリカの文化人類学者〕の古典『石器時代の経済学』（山内昶訳、法政大学出版局〈叢書・ウニベルシタス133〉、一九八四）、デヴィッド・グレーバー〔一九六一～二〇二〇、アメリカの人類学者〕の『負債論—貨幣と暴力の5000年』（酒井隆史監訳、高祖岩三郎・佐々木夏子訳、以文社、二〇一六）、ならびにBruno Latour and Vincent Lepinay, *The Science of Passionate Interests: An Introduction to Gabriel Tarde's Economic Anthropology*, University of Chicago Press, Chicago, 2009を参照されたい。

デュソン・キャジーク〔本書九二頁参照〕による提起は、二〇二〇年、パリ＝サクレー大学のアグロ・パリ・テック（正式名Institut des sciences et industries du vivant et de l'environnement）に彼が提出した博士論文'Plantes animées. De la production aux relations avec les plantes'に詳しい。同じく彼の記事'Le covid-19, mon allié ambivalent', AOC media, 16 September, 2020も参照されたい。経済の魔術から解き放たれるべきだとする考え方〔本書九五～九六頁参照〕はPhilippe Pignarre and Isabelle Stengers, *Capitalist Sorcery: Breaking the Spell*, Palgrave MacMillan, 2011／原書2005に拠った。「自然Nature」という概念からの解放という主題〔本書九六～一〇〇頁参照〕については、カール・ポランニー〔一八八六～一九六四、ハンガリー生まれの経済学者〕が『大転換—市場社会の形成と崩壊』（野口建彦・

栖原学訳、東洋経済新報社、新訳二〇〇九）において詳細に分析している。なお、同書の〔原書〕二〇一八年版（*The Great Transformation: The Political and Economic Origins of Our Time*, Beacon Press, Boston, 2018／初版1944）にはジョセフ・E・スティグリッツ〔一九四三〜、アメリカの経済学者〕が序文を、フレッド・ブロック〔一九四七〜、アメリカの社会学者〕が序論を寄稿している。同様の考え方は、Baptiste Morizot, *Manières d'être vivant*, Actes Sud, Arles, 2020にも見出すことができる。「自然の経済the economy of nature」〔本書九八頁参照〕についての宗教的捉え方は、これまで広く研究されてきた。一例として、Giorgio Agamben, *The Kingdom and the Glory: For a Theological Genealogy of Economy and Government*, trans. Matteo Mandarini, Stanford University Press, Stanford, 2011を挙げておこう。「オイコス oikos」〔ギリシャ語。家、あるいは家に結び付いた人間の諸問題の意。本書一〇〇頁参照〕概念の限界については、Emanuele Coccia, 'Nature is not your household' 前掲 Bruno Latour and Peter Weibel, eds, *Critical Zones*, pp.300-304を参照されたい。

自己利益の計算という考え方とダーウィン主義との間の距離は、特に逐次特徴選択 sequential feature selection という概念をめぐって大きくなっている〔本書六九、九八頁参照〕。その点に関しては Ford Doolittle, 'Darwinizing Gaia', *Journal of Theoretical Biology*, 434, 2017: 11-19ならびに Ford Doolitle, 'Is the Earth an organism?',*Aeon*, December 2020を参照されたい。ティモシー・レントンによる次の議論も参照されたい。Timothy Lenton et al., 'Selection for Gaia across multiple scales', *Science Direct*, 33, 8, 2018: 633-645.

8
本書のフランス語版原書は大共同プロジェクト「どこに着地するのか Où atterrir?」〔本書第9章参照〕に捧げられたものだが、第8章「テリトリーを記述する——正道だけを通る」は、このプロジェクトでの実験をベースとしている（この実験は ouatterrir.fr/index.php/consortium にまとめられている）。実験のウェブ版は、私が執筆した記事 'Inventer les gestes barrières contre le retour à la production d'avant-crise（パンデミック以前の生産状態への回帰を回避する方法）', *AOC media*, 29 March, 2020をきっかけに制作されたものだが、この記事で行ったアンケートに対してはインターネット上で無数のコメントをいただいた。ただ私が「自己記述 describe oneself」〔本書一〇四頁参照〕という実験に有効性を見出せたのは、あくまで長期にわたるこの共同プロジェクトのおかげである。テリトリーという概念〔本書注22参照〕に関しては、Vinciane Despret, *Habiter en oiseau*, Actes Sud, Arles, 2019からも着想を得た。

　再度述べておくが、ガイアと有機体 organism を混同しないことが何より重要である〔本書四〇頁参照〕。この論点に関してはすでに拙論 'Why Gaia is not a God of totality', *Theory, Culture and Society*, 34,2-3, 2017:61-82でも議論している。

「共有地 common」という概念〔本書一一二頁参照〕が広く再評価されていることは間違いない。この領域を概観するのに Marie Cornu, Fabienne Orsi and Judith Rochfeld, *Dictionnaire des biens communs*, PUF, Paris, 2018に勝る偉業はないだろう。

9

第9章「風景の解凍」では最初に、フランスのいくつかの都市で行われた大共同プロジェクト「どこに着地するのか」の実験に触れた。「羅針盤 compass」という用語〔本書一一八頁参照〕は、この実験への参加者が共同で打ち立てた基本命題を見事に要約している。またこの用語は、プロジェクトのコーディネイターが作った道具〔本書一一六頁図1参照〕がその元となっている。

すでに紹介した Bruno Latour and Peter Weibel, eds, *Critical Zone* は、その構成においてはもちろん、その内容においてもここでいう「解凍」に向かう全体的な動向を詳細にまとめようとした試みである。「ロックダウン」が課した方向転換〔本書一二三頁参照〕を説明するために、私は以下の書物で言及した美術史に眼を向けることにした。Bruno Latour and Christophe Leclercq, eds, *Reset Modernity!*, MIT Press, Cambridge, Mass., 2016. そしてもちろんこの美術史的視点は、拙著『虚構の近代―科学人類学は警告する』（川村久美子訳・解題、新評論、二〇〇八）でも扱ったものだ。

「自然主義の発明」はフィリップ・デスコラ『自然と文化を超えて』（小林徹訳、水声社、二〇二〇／原書初版2005）の主題である〔本書一二一～一二三頁参照〕。そこでのデスコラの挑戦は、その後の著作（Philippe Descola, *La Fabrique des images*, Editions du Quai Branly-Somogy, Paris, 2010）でも垣間見えていたが、*Les Formes du visible. Une anthropologie de la figuration*, Paris, Seuil, coll. 'Les Livres du Nouveau Monde', 2021ではさらに突っ込んだ展開を見せている。フレデリック・アイト＝トゥアティの、進行中の研究がそうした「風景の一シーン」の発明〔本書一二一頁参照〕について触れているが、

それは前掲 *Terra Forma* に部分的に示されている。加えて、拙著 *What is the Style of Matters of Concern? Two Lectures in Empirical Philosophy*, Spinoza Lectures, Royal Van Gorcum, Assen, 2008も参照されたい。

「所有権の反転 reversal〔再配置 repopulate〕」〔本書一二六～一二七頁参照〕という考え方は、Sarah Vanuxem, *La Propriété de la terre*, Wild Project, Marseilles, 2018において、また Sarah Vanuxem, 'Freedom from easements' 前掲 Bruno Latour and Peter Weibel, eds, *Critical Zones*, pp.240-247において議論されている。人類学における共有地 common としての「風景の反転〔再配置〕」〔本書一一九～一二五頁参照〕については、Deborah Bird Rose, *Wild Dog Dreaming: Love and Extinction*, University of Virginia Press, Charlottesville, 2011を参照されたい。加えて、Juliette Dumasy-Rabineau, Nadine Gastaldi and Camille Serchuk が編纂した美しいカタログ *Quand les artistes dessinaient les cartes. Vues et figures de l'espace français, Moyen Age et Renaissance*, Archives nationales and Editions Le Passage, Paris, 2019も見る価値があるだろう。

　個人と社会との「関係性の反転〔再配置〕」〔本書八九～九二、一二六～一二八頁参照〕はアクターネットワークの核心にあるものだ。その点については拙著『社会的なものを組み直す―アクターネットワーク理論入門』（伊藤嘉高訳、法政大学出版会、二〇一九）を参照されたい。

10

第10章「死したる身体が積み上がる」では、主題を少し離れてSTS（科学－技術－社会）研究に眼を向けた。特にアネマリー・モル Anne-Marie Moil〔一九五八〜、オランダの人類学者、哲学者〕の名著 *The Body Multiple: Ontology in Medical Practice*, Duke University Press, Durham and London, 2003ならびにイヴァン・イリイチの古典的名著『脱病院化社会—医療の限界』（金子嗣郎訳、晶文社、新装版一九九八）に注目した。残念ながらあまり知られていない同じくイリイチの名著『ジェンダー—男と女の世界』（玉野井芳郎訳、岩波モダンクラシックス、新装版二〇〇五）も重要だ。身体について把握する作業に関しては、Evelyn Fox-Keller and Elisabeth Lloyd, eds, *Keywords in Evolutionary Biology*, Harvard University Press, 1988（初版1992）を、さらに拙論 'How to talk about the body? The normative dimension of science studies', *Body and Society*, 10, 2/3, 2004, pp205-229をお薦めする。「病んだ身体」を見出すという事態が拡大していることに関しては、Tobie Nathan and Isabelle Stengers, *Doctors and Healers*, Polity, Cambridge, 2018（原書 *Médicins et sorciers*, La Découverte, collection 'Les Empêcheurs de penser en rond', Paris, 1995）を参照されたい。

「内部－外部関係の反転〔再配置〕」〔本書一三九〜一四〇頁参照〕という考え方については、Raymond Ruyer, *Néo-finalisme*, PUF, 2013（1952）の議論に、また「経験の持続性」〔本書一四〇頁参照〕という考え方については当然、ウィリアム・ジェームズ〔本書一四〇頁参照〕の議論に従った。こうした学問的伝統の扱いに関しては、Isabelle Stengers, *Réactiver le sens commun*, La Découverte, collection 'Les

Empêcheurs de penser en rond', Paris, 2020を参照されたい。私の見るところ、ダナ・ハラウェイ〔本書五五頁参照〕の著書（「サイボーグ宣言―二〇世紀後半の科学、社会主義フェミニズム」『猿と女とサイボーグ―自然の再発明』高橋さきの訳、青土社、二〇〇〇／原書1991から前掲 Donna Haraway, *Staying with the Trouble: Making Kin in the Chthulucene,* 2016まで）は、各種フェミニズムと生物学とを混合させるという意味で他の研究を圧倒している。エミリ・アッシュの進行中の研究（前掲 Emilie Hache, 'Né-e-s de la terre, Un nouveau mythe pour les terrestres'）も見ておきたい。

11

第11章「民族〔人民〕生成論 ethnogeneses へ回帰する」では、私が創作した地球についての演劇「私たちは同じ惑星地球に住んでいるのではないらしい We don't seem to live on the same planet」（前掲 Bruno Latour and Peter Weibel, eds, *Critical Zones,* pp.276-282）や、ディペシュ・チャクラバルティ〔インド出身、アメリカの歴史学者〕との共著論文 Bruno Latour and Dipesh Chakrabarty, 'Conflicts of planetary proportions: a conversation', *Journal of the Philosophy of History*, 14, 3, 2020, pp.419-454を基にしている。このテーマは、私がキューレーターとして、「You and I Don't Live on the Same Planet, 2020-2021」というタイトルのもと、マーティン・ジナー〔フランスのキューレーター〕とともに台北ビエンナーレ展示会で企画したものだ。

「惑星体制 planetary regimes」〔本書一四八頁参照〕については、Christophe Bonneuil, *L'Historien et la Planète. Penser les régimes de planétarité à la croisée des écologiesmonde, des réflexivités environnementales et des géopouvoirs*（Bonneuil_2020_Régimes de planétarité_fr_Gesellschaftstheorie im Anthropozän.pdf [hal.science]）から援用した。惑星地球の「出口 Exit」〔本書一五〇頁参照〕については、Nikolaj Schultz, 'Life as Exodus', 前掲 Bruno Latour and Peter Weibel, eds, *Critical Zones*, pp. 284-288と、それに続く Nastassja Martin, *Les Ames sauvages. Face à l'Occident, la résistance d'un peuple d'Alaska*, La Découverte, Paris, 2016から発想を得た。

「外交 diplomacy」という鍵概念〔本書一五二頁参照〕については、Isabelle Stengers, *La Vierge et le Neutrino*, Seuil/Les Empêcheurs de penser en rond, Paris, 2005ならびに Isabelle Stengers, 'La proposition cosmopolitique', Jacques Lolive and Olivier Soubeyran, eds, *L'Emergence des cosmopolitiques*, La Découverte, Paris, 2007, pp. 45-68に負うところが大きい。加えて一言しておくが、「デコロニアル・アトラス The Decolonial Atlas」（decolonialatlas.wordpress.com）〔ボランティアベースで運営されているウェブサイト〕が日々、調査に投入する労力には感服せずにはおれない。「相互浸透 encroachment」という鍵概念〔本書六三頁参照〕に関しては、Patrice Maniglier, 'Petit traité de Gaïapolitique', 前掲 Frédérique Aït-Touati and Emanuele Coccia, eds, *Le Cri de Gaïa*, pp. 185-217を参照されたい。

「人間中心主義 anthropocentrism」〔本書一五三頁参照〕の必要性に関しては、Clive Hamilton, *Defiant Earth: The Fate of Humans in the Anthropocene*, Polity, Cambridge, 2017を参照されたい。また次の書籍

は、「人新世 Anthropocene」〔本書注42参照〕についての研究や議論を網羅しているので一読を薦めたい。Jan Zalasiewicz, Colin N. Waters, Mark Williams and Colin Peter Summerhayes, eds, *The Anthropocene as a Geological Time Unit: A Guide to the Scientific Evidence and Current Debate*, Cambridge University Press, 2019.

多様な要素が幾重にも重ねられたモナドという概念〔本書注44参照〕については、ガブリエル・タルド〔一八四三～一九〇四、フランスの社会学者〕の『社会法則―モナド論と社会学』（村澤真保呂・信友健志訳、河出書房新社、二〇〇八）を参考にした。この概念に基づく発想の展開法については、Bruno Latour et al., '"Le tout est toujours plus petit que ses parties". Une expérimentation numérique des monades de Gabriel Tarde', *Réseaux*, 31,1,2013, pp.199-233を参照されたい。

「王立科学 royal sciences」〔本書一五六頁参照〕と「ノマド的科学 nomadic science／遊牧する科学 ambulatory science」の対立については、ジル・ドゥルーズ＋フェリックス・ガタリ『千のプラトー―資本主義と分裂症』（宇野邦一ほか訳、河出書房新社、一九九四）に拠るところが大きい。

ガイアが持つ可変的な時間の側面〔本書五〇～五一、一五七～一五八頁参照〕については、前掲 Timothy Lenton et al., 'Selection for Gaia across multiple scales' を、また人新世の衝撃については、Timothy Lenton and Bruno Latour, 'Gaia 2.0', *Science,* 14 September, 2018, pp.1066-1068を参照されたい。

12　第12章「いくつかのかなり奇妙な戦い」では、再度、前掲 Pierre Charbonnier, *Abondance et liberté* と、ニコライ・シュルツ Nikolaj Schultz の「地‐社会階層 geo-social classes」〔本書一六八頁参照〕に関する研究、特に彼の論文 'New climates, new class struggles' 前掲 Bruno Latour and Peter Weibel, eds, *Critical Zones*, pp.308-312を取り上げた。「抽出者 Extractors」〔本書一六四頁参照〕の描写の仕方については、サスキア・サッセン〔一九四九～、アルゼンチンの社会学者〕の書物、特に『グローバル資本主義と〈放逐〉の論理—不可視化されゆく人々と空間』（伊藤茂訳、明石書店、二〇一七）を参考にした。Luca Chancel, *Insoutenables inégalités*, Les petits matins, Paris, 2017も参照されたい。

13　第13章「すべての方向に拡散せよ」では、NGO「グローバル・フットプリント・ネットワーク」が編み出した計算法を利用した。二〇二〇年の北半球の春に生じたオーバーシュート・デーの先送り〔本書一七四～一七六頁参照〕に関しては以下を参照されたい。futura-sciences.com/planete/actualites/developpement-durable-jour-depassement-recul-exceptionnel-trois-semaines-63853/.

気候変動問題の国際交渉に自己調節 self-regulation という隠れた理論〔「サーモスタット」の考え方。本書一七八頁参照〕が導入されたという驚くべき事情に関しては、Stefan Aykut and Amy Dahan,

Gouverner le climat? Vingt ans de négociation climatique, Presses de Scineces Po, Paris, 2015を参照されたい〔一九五〇年以降今日に至るまで、科学、専門家組織、国際政治の間に密な相互作用が生じ、それを通して「気候の地政学」が確立されていった。温暖化効果ガス削減目標、「先進国 - 途上国間の共通だが差がある責任」という認識、市場メカニズム利用の方法論などからなる枠組みが作られ、実際の運用も始まった。七五二頁に及ぶこの大著は、そうした経緯を克明に追っている〕。また、地球システム科学に対するジェームス・ラブロックの影響力〔本書注53参照〕の詳細な分析については、前掲Sébastien Dutreuil, 'Gaïa. Hypothèse, programme de recherche pour le système terre, ou philosophie de la nature?' に見出すことができる。自己調節self-regulationという用語は、サイバネティックス・モデルというテクノロジー的比喩に傾倒したラブロックと、グローバル・モデルを使わずに生き物living beingsに寄り添い一歩一歩研究を進めたリン・マーギュリスとが、両者の間の緊張関係の中で実際に議論の対象としたものである。

もうかれこれ一〇年もの間、私はフレデリック・アイト＝トゥアティとともに、演劇による実験を追求してきた。この実験では舞台上で、通常の天文学的根拠に対抗する科学的概念としてのガイアを上演させようと文字通り奮闘してきた。上演記録のいくつかは*Inside*, 2018, *Moving Earths*, 2019: youtube.com/watch?v=ANhumanN6INfI&feature=youtubeで鑑賞することができる。このの演劇プロジェクト「ガイア・グローバル・サーカス」〔前掲ブルーノ・ラトゥール『ガイアに向き合う』一二、五一～五八頁参照〕の脚本はピエール・ドービニー〔フランスの劇作家〕が担当した。

「主権国家の問題」と「ガイアの主権という新たな形態」とのつながりについては〔本書一八〇～一八

二頁参照〕、前掲拙著『ガイアに向き合う』第六、第七、第八レクチャーで主題として取り上げた。この第13章ではドロシア・コンデとピエール＝イヴ・コンデ〔フランスの政治学者〕の進行中の研究も参考にした。

グローブ（球体）という考え方とガイア概念の対立〔本書一八一〜一八二頁参照〕について理解するには、前掲拙論 'Why Gaia is not a God of totality' を参照されたい。地球（大地）のノモス nomos of the earth という考え方〔本書六三、一八四頁参照〕の出所は、もちろんカール・シュミット〔一八八六〜一九八五、ドイツの思想家、法学者、政治学者、哲学者〕の画期的著作『大地のノモス―ヨーロッパ公法という国際法における』（新田邦夫訳、慈学社出版、二〇〇七）である。シュミットが意図した空間の新しい概念に関しては、拙論 'How to remain human in the wrong space? A comment on a dialog by Carl Schmitt', *Critical Enquiry*, 47, 4, 2021, pp. 699-718の議論を参照されたい。

変化に富んだ地球と空想に富んだ宗教的崇拝を主題とする人類学については名編書 Renée Koch-Piettre, Odile Journet and Danouta Liberski-Bagnoud, eds, *Mémoires de la Terre. Etudes anciennes et comparées*, Jérôme Millon, Grenoble, 2020を参照されたい。イヴァン・イリイチの警告〔本書一八六頁参照〕は前掲 Ivan Illich, *The Corruption of Christianity* から引いた。

訳者あとがき

「変身」――近代人よ、本来の生き物の姿を取り戻せ

本書『私たちはどこにいるのか――惑星地球のロックダウンを知るためのレッスン』は、*Où suis-je? Leçons du confinement à l'usage des terrestres*, Éditions la Découverte, Paris, 2021の英語版 *After Lockdown: A Metamorphosis*, Polity Press, Cambridge/Medford, MA, 2021の全訳である。著者のブルーノ（ブリュノ）・ラトゥール Bruno Latour（一九四七～二〇二二）はフランスの科学人類学者、哲学者で、サイエンススタディーズの研究者、「アクターネットワーク理論」（ANT。人間と非人間をともに「行為するもの」として扱う新たな社会理論）の創始者の一人、そして近代論者として名を馳せてきた。彼は生涯に二〇冊以上の単著を出版しており、二〇一三年にはホルベア賞（社会人文科学のノーベル賞ともいわれる）、二〇二一年には京都賞（科学・技術、思想・芸術分野に大きく貢献した研究者を讃える国際賞。主催、稲盛財団）を受賞している。きわめて多産で、人文・自然科学を横断する幅広い領域で世界的な影響力を持ち続けている学者である。ラトゥールの科学論、近代論の根底を支え、著作全体に通底する主張とは、西洋哲学の古くからの前提、すなわち主体‐客体、物質‐精神、自然‐社会（文化）という存在論的区別は一つの「考え方」にすぎないというものだ。とりわけ、気候危機への近代人の理解の仕方に関する最近の研究は広く世間の期待を集めている。本書は、世界中が新型コロナウイルス感染症（COVID‐19）によるパンデミック（世界的大流行）で混乱しているさなか、また著者自身が病との戦いに明け暮れるさなかで書かれたラトゥール渾身の一冊である。

ロックダウンがもたらす教訓《レッスン》

本書の場面設定となっているのは、新型コロナウイルスのパンデミックによって世界中が追い込まれたロックダウン（都市封鎖）である。世界中の人々が実に長

い期間、自宅に幽閉された。「早く自由になりたい」「元の状態に戻りたい」と思った人も多かったに違いない。一方で、「このまま元の状態に戻ってもよいのか」と一抹の不安を持った人も少なからずいた。新型コロナウイルスが蔓延する中で彼らは、地球環境破壊、第六次の地球生物大絶滅（本書注41）が進んだ先に訪れるかもしれない「世界の終わり」（黙示録）の気配を感じ取ったからだろう。加えて今回の経験で、これまで脱出不可能な鉄の檻と見なされていた経済から、部分的とはいえ、かなり簡単に離脱できることがわかった。しかも経済を停止させるのに必要だったのは、人々が仕事に行かずに「家に帰る」ことだけだった（本書九一頁）。ロックダウンの結果、アース・オーバーシュート・デーを先送りすることができたし（本書一七四頁）、世界各地の環境汚染を改善させることもできた。ヴェネチアの濁った運河が透明になり魚が戻ったのは、ロックダウン開始後わずか数週間経った頃だった。これらは新鮮で貴重な体験だし、また驚きも大きかった。

ラトゥールは、今回のロックダウンは人類に重大な教訓《レッスン》を残したと見ている。今回の経験は、私たちがより大きなロックダウンの只中にいるという現実を思い起こさせてくれた。「閉じ込められた」という経験は実は、私たちにとって新奇のものではなく、私たちの常態を表している。ラトゥールは「閉じ込められた」という事態、「そこから再び自由になること」がどのような意味を持つのかを今一度問い直す必要があるとしている。さらにラトゥールは、私たちはロックダウンの教訓をしっかりと受け止めなければならないが、そのためには私たちがカフカの小説『変身』（本書注2）の主人公グレゴール・ザムザのように昆虫に変身する必要があるという。

昆虫に変身するとは一体どういうことなのか。ラトゥールが、目指すべき昆虫の例として挙げたのはシロアリ（本書一一頁）である。それは、シロアリが生き物の本来の姿を象徴的に表しているからだ。シロアリはシロアリ塚に幽閉されている（その点、「ロックダウン下の私たち」に似ている）。もっとも視点を変えれば、シロアリは幽閉されているからこそ、どこへでも行くことができる。彼らはシロアリ塚という「泡」を自ら噴き出すことで、その中を通って移動する。シロアリは「覆い」を作り出しその中で暮らすからこそ生きていける。その在り方が地上の生き物の特徴だとラトゥールはいう。生き物は自己を守るために、十分コントロールされた内部環境のようなものを構築し、自己を包む保護的薄膜の機能を常に発揮させるのだ。つまり、「閉じ込められた状態」というよりも「覆いに包み込まれた状態」を維持している。そうした生き物の特徴は地球最古の生命から変わっていない。したがってここでの「変身せよ」の意味は「本来の生き物の姿を人類も取り戻せ」ということだろう。

本書はさらに読者を、ラトゥールが都会を離れフランス南東部ヴェルコール地方を旅したときのシーンへと誘う（本書一九頁）。そこで彼はグラン・ヴェイモン山の上部全体が太古に生きたサンゴ礁の遺骸であることを知る。岩石ですら生き物が残した人工物なのだという驚きを伝える。もっとも周りをよく見渡してみれば、シロアリ塚やプラハの街（ザムザ一家が住むチェコの首都。城砦の都市）にとどまらず、大地や海洋、そして大気に至るまでもが生き物が造った覆いの一部なのだ。しかもそれは、「自由と創意に富んだ人工物」（本書三五頁）である。地上の生き物は、自分たちの生を維持するために、長い年月をかけて集合的に「天蓋《てんがい》」（本書八一頁）を創り出すのだ。そしてそれはグローブ（球体）としてイメージされる地球と対比させれば、わずか厚さ数キロにしかならない薄膜である。ただその重要性ゆえにクリティカルゾーン（本書注8）と呼ばれている。

現在、そのクリティカルゾーンが人類活動のせいで文字通り危機的状況に陥っている。だからこそ「変身」が必要なのだとラトゥールは考えている。さらにそこに、ザムザ両親を含めグレゴールの周りの人々の問題が浮上する（本書第3章）。彼らは近代人の代表だが、近代人には「変身」が特に難しいらしいのだ。しかしなぜ難しいのか。ラトゥールは本書を含む近年のいくつかの著作を通じて、近代人が抱える問題とその解決法について重要な考察を行っている。そこでの議論に触れれば、読者も変身の意味と、なぜそれが近代人には難しいのかについてよりよく理解できるだろう。

そこでのラトゥールの議論を大雑把にまとめておこう。クリティカルゾーンの危機的状況は、どう見ても人類にとって未曾有の事態なのだが、人々の間には意外なほどの無関心が広がっている。無関心の広がりは、人類が危機的状況にうまく対応できていないことを示している。なぜうまく対応できないのか。そしてなぜその症状が「無関心」になるのか。ラトゥールはこうした問いを立て、それに対し次のように答える――近代社会は「普遍的真実としての自然」をベースに構築された砂上の楼閣である。そこでの重要な特徴は、自然が決して安定を逸脱しないということだ。そうした特徴はたしかに社会に安定を与えるが、そこに住む近代人は、「普遍的真実の世界が地上に内在化」したものしか見ておらず、地上との接点を完全に失った状態にある。「砂上の楼閣」としたのは、近代の政治・経済・社会システムが「誰も居住したことのない世界」（本書六六頁）に向けて建造されたものだからである。その結果、近代体制は暴走することになったし、クリティカルゾーンの危機的状況を引き起こすことにもなったのである。

ラトゥールは続けてもう一つの重要な指摘を行っている。それは地球環境に関するものだ。クリティカルゾーンが危機的状況になったことは、私たちが旧気候体制を脱し新気候体制（本書注52）に突入したことに関連している。ラトゥールの表現でいえば、「地球が安定した状態にあり背景に退いていた」時代を通り抜け、「地球が人間活動に敏感に反応する」時代に至ったということだ（ラトゥール、二〇二三、一七七〜一七八頁）。そうなると、旧気候体制では見えなかった問題が俄かに浮上する。地質学者の間で現在、完新世から人新世Anthropoceneへと地質学的時代が移行したという仮説が検討されている（本書注42）。その仮説は広く地球科学のサークルでも共有されるまでになった。今や人間活動のすべてが地質学的形態へと部分的に作り変えられ、まさに岩盤が人間化したも同然の状況になったのだ。人類の力は、プレートテクトニクス（プレート移動理論）に比類するといわれるほど巨大なものになったのである。そしてそれに対し、地球は気候変動、生物大絶滅などを引き起こすという形で大反発を返してきている。だからこそ今、近代人に「変身」が強く求められるのだ。そうでなければロックダウンの教訓を真摯に受け止め、危機を生き抜くことはできないとラトゥールは指摘しているのである。

さて、ラトゥールの著作はどれも難解だといわれている。それほど長くない本書も例外ではない。読者の理解を支援するには、以上の簡単な説明だけでは十分でないかもしれない。そこで以下では、ラトゥールが前書『ガイアに向き合う―新気候体制を生きるための八つのレクチャー』（拙訳、新評論、二〇二三）で展開した内容を中心に、ラトゥールの議論を今少し嚙み砕いて紹介することにしたい。特に本書『私たちはどこにいるのか』の議論に合わせた形でまとめるつもりだ。以下を参照すれば、近代人がクリティカルゾーンの危機的状況にうまく対応できないとはどういうことなのか、なぜそれが「無関心」という症状として現れるのか、どうすれば無関心を脱して危機に対処するようになるのか、そうしたことと「本来の生き物の姿を取り戻す」という意味での変身とはどのような関係にあるのか、といった重要な問いに対するラトゥールの考え方に触れることができるだろう。

「自然の王国」としての近代

近代体制についてラトゥールは次のように議論する。一七世紀に入って、ヨーロッパでは自然観が刷新された。そしてそれが近代体制の出発点となった。新たな自然観とは自然を「普遍的真実」（不活性な物体）と捉える見方である。ガリレオ・ガリレイ（一五六四～一六四二）による研究をきっかけに、「いかなる場も同質で世界はどこまでも延長可能（延長を持つ実体）」という見方が築かれていった。さらにそこに、「肉体を離れることのできる精神（思惟する実体）が『どこからでもない視点』を取って全宇宙に通用する法則を編み出す」という考え方がつけ加えられた（本書七五頁）。近代の政治体制、すなわち国民国家を単位とするウェストファリア体制は、そうした自然観を基盤としてその上に築かれたものである（一六四八年、ウェストファリア条約調印）。だから近代体制を「自然の王国」と呼ぶことができる。「『自然』こそが地上に広がる王国を支配する」（本書九六頁）と見なすのである。さて、国民国家とは半分政治／半分科学の怪物のようなリヴァイアサンだといわれる（ホッブズ、二〇一四／二〇一八）。そこでの特徴は、科学が自然についての実証を提供し、自然自体が社会の最高裁判所（裁定者）のような役割を果たすということだ。重要なのは、普遍的な基準が外部から与えられる点だ。国民国家のみならず、国民のすべてが一丸となってその普遍的な基準、自然法のみに従う。そのため、人々の間に容易に合意が達成できる。実際、そこには敵もいないし真の戦いもない。ただ自然法に従おうとしない者への教育があるのみだ。つまり近代体制とは、実際には政治不在の安易なシステムだったのである。

さて近代人自身は「自然の王国」の登場を、科学の進歩、人間理性の拡大がもたらす必然的な移行と見なしている。しかしそのために、彼らは近代体制から容易に離脱できなくなっている。ラトゥールはこうした捉え方を廃し、「自然の王国」の登場に至る歴史的背景を精査することで、その登場に次のような意味を見出した。一七世紀当時、宗教戦争が激化し社会全体が不安定になった。その中でそれまで支持されていた多様性許容政策は見直され、社会の安定を保証する確実性が強く求められた。何でもよいから確実性を与えてくれるものを懸命に探し求め、結果として見出されたのが「客観的真実としての自然」の見方だったのである。つまり「自然の王国」は単なる歴史的状況への対応として登場したのであって、必然的な移行などではないとラトゥールは断じるのだ。

続いてラトゥールは「自然の王国」の起源をさらに掘り下げ、そこに宗教との新たなつながりを見出す。近代人は近代体制への移行を宗教支配の世界を脱し科学的合理性の世界へと向かう進歩と見なしている。この見方もまた近代人をがんじがらめにする。これに対してラトゥールは、近代人は宗教を脱しているわけではないと主張する。宗教の中には科学が、科学の中には宗教が依然として潜んでいるからだ。その意味を紐解けばこういうことだ。ラトゥールによれば、かつて宗教の役割は「他者の執着に注意を払うこと」「外交官としての振る舞いを学習すること」だった（ラトゥール、二〇二三、二三六頁）。ところが「モーセ的分離 Mosaic division」（モーセは前一三世紀頃のヘブライ人の宗教・軍事指導者。最初の立法者）という出来事をきっかけに、宗教は当初の役割を忘却してしまう。「モーセ的分離」によって、神性の問いと真実の問いとが結びつけられることになり、多神教の中から、真偽の問題を主題とする新たな宗教、唯一神を崇拝する一神教が登場した。そうなると、変質したこの新たな宗教、「真の」神性は、他のいかなる宗教、神性にも翻訳しがたいものに変わり、他者が執着するもの、他者が大切にしてきたものを軽視するようになった。そこで宗教は大きく変質したのである（Assmann, 1998/2010）。時代は下り近代に至ると、宗教の力は弱まり科学や経済が社会を制するようになった。そこでのラトゥールの重要な指摘は、逆説的だが、近代人こそは「モーセ的分離」の直系の継承者だというものである。「普遍的真実としての自然」という見方は、「真実の神」から「真実の自然」へと移行したものと解釈できるからだ。すなわち、一神教の時代から、一神教を含めたすべての神を否定する「真実の自然」の時代へと移行したのである。近代人は自然法則の知識を他の何かと通約可能にするなどあってはならないと信じているが、それは偶像崇拝の刑を課すような一神教の排他的姿勢と何ら変わらない。また、近代人は他の共同体や集団が大切にしてきたものを軽視するという特徴を持つが、それも一神教によく似ている。近代は変質した宗教を引き継ぎ、それを新たな形に発展させたということなのである。今日の危機的状況を解決するにあたってラトゥールは宗教に期待を寄せているが、それは一神教的特徴を持った宗教に対してではない。宗教がかつての役割を取り戻し、多様性や多元性、他者との関係性を受け入れ外交家として振る舞うことを期待しているのである。ラトゥールがローマ教皇フランシスコの『回勅ラウダート・シ』に強い関心を寄せるのもそのせいなのだ（本書八四〜八五頁）。

「自然の王国」と宗教との隠れたつながりが見えてくれば、今日の危機的状況に対処できない近代人の問題がよりはっきりと見えてくるはずだ。近代人は「普遍的真実の世界」の住人だと自認するし、そうした世界に自ら居住しているかのように振る舞う。ラトゥールによれば、これもまた近代人が宗教から受け継いだ性質である。キリスト教信者は天国への出奔によって救いを得ようとするが、近代人も同様に、彼らにとっての天国「空《そら》 sky」（本書七三〜七四頁）を目指す。地上に暮らしながら地上を脱出することに固執するのだ。さらに、「もう自分たちは『永遠に変わらない普遍的真実の世界』、すなわち『向こう側』に渡った」「もうこれまでの地上世界には属していない」と宣言する。あくまで彼らは、自分たちを黙示録（終わりの時）の後の世界、近代に位置づけるのだ。こうした確信の影響は甚大である。近代人には「自分たちにはもう何も起きない」と信じることができるようになったし、地上世界からの逃避も可能になった。近代人こそはまさに、「経過する時間から自らを遮蔽することのできる人々」（ラトゥール、二〇二三、二九九〜三〇〇頁）なのだ――ラトゥールはそう喝破するのである。

さらにこの想念こそは、近代人を地球環境破壊に圧倒的に無関心にさせる原因なのである。ラトゥールはそう指摘する。近代人が見ているのは地上に内在化した「普遍的真実の世界」だけで、実際に地上世界に存在するものは何も見ていない。彼らは、降り立つべき地球との接点を完全に失っているのである。そして自分たちは、普遍的世界を地上に実現すべく働いていると思い込む。その影響も甚大だ。そこに築かれた近代の政治・経済・社会システムは「実際にはだれも居住していない世界に向けて構築されたもの」になるからだ。

そうなると、スティーヴン・トゥールミン（二〇〇二）が述懐するように、国家は瞬く間に（自然を明らかにする）科学の支えを得るようになり、国家と科学は（第二の自然といわれる）市場に丸呑みにされる。第一の自然と第二の自然が地上を押し並べて行くのだ。そしてこうして自然と経済が君臨すると、地上に倒錯的な状況が生まれる。近代人は周りのすべてを「不活性な物体」と捉えているのだ。つまり、水も大地も他の生き物も、元々人間とは無関係に存在し、それらを利用して生きる人間の時間や空間に帰属しているわけではないと捉える。そう捉えれば、開発などの人間の行為がそれらに影響を及ぼすことはない。近代人が、「無限に続く時間の中で無限の利益を享受できる」と感じるのはそのためだとラトゥールは断じる。結果として、本論で挙げたような由々しき事態が生じる（本書六一頁）。すなわち、国民国家は国境で隔てられた自立した存在と見なされる一方で、実際には、特に裕福な「先進国」の場合、外部テリトリーの乱獲を繰り返すということだ。そうした国民国家にはそれが寄食する外部のテリトリー、影の国家がどうしても必要なのである。しかも自らの認識の中ではその事実は否定されている。国民国家は、自らの存在を承認する周囲に対して虚偽を貫くことでしか存続しえないのである。したがってラトゥールは、地上との接点を持ちえないそうした近代体制は根本から見直す必要があると結論づけるのだ。

破綻する「全体と個」という対比を使った説明

近代人は「不活性な物体」に対峙するものとして「境界を持つ自立した個体」を設定する――ラトゥールはそう議論する。全体に対して、それとは分離可能な個の存在を設けるというのだ。「全体と個」という対比こそ、近代人が近代体制を説明する際に使う基本的枠組みである。たとえば経済については次のように説明する。一方に「自立した個体」を立て、それについては排他的所有権を有し、自己利益を最大化させる特徴を持つ存在として位置づける。他方に「市場」を立て、あらゆる「自立した個体」がそうした行動を取れば市場が「神の見えざる手」（アダム・スミス）を働かせ、社会全体での適切な資源配分を実現し、社会に繁栄と調和をもたらすとする。さらにこうした説明にはダーウィン主義的な生物進化の考え方による支持があると見なす。生物についても同じような議論を展開するわけだ。すなわち、生物個体は生存機会を計算し結果に見合った行動を取る。そうすれば、環境が最高位の裁定者として機能し、自然選択が起きると説明する。そこにあるのは「自己利益を計算する孤立した生物」と「生物が適応する不活性な全体」という対比であり、それは経済についての説明の完全なる写しである。つまり、進化論が基盤となると見せかけて、実際には逆に、経済理論が先行してあり、それが進化論を作り出しているのだ。

もっとも生物個体が生存機会を計算できるといえるためには、「他と区別できる明確な境界」をその生物が持っていなければならない。加えて生物と環境との切り離しが可能でなければならない。ところがそれが難しい――ラトゥールはそう切り返す（本書九七頁）。それは、大気・大地・海洋という地球環境と生き物との間に展開する相互生成の歴史の一端に触れてみるだけで容易にわかることだという。

ラトゥールの議論を見てみよう。生き物はエージェンシー（行為能力、事象を引き起こす能力）を持つ存在であり、エージェンシーを持つ存在は生存機会を向上させようとして、近隣環境を変形させる。あるいは単に排泄物を出すというにとどまる場合もある。どちらの場合も、その行為はその存在の意図を超えて周囲に多大な影響を与えていく。たとえば、大気に二一％の割合で含まれている酸素は、太古の昔に微生物の行為の予期せぬ結果として蓄積されたものである。生き物にとって基本的に毒ともいえる酸素は、当の微生物が広がっていなかったら、特定の場所に限定された危険な汚染物質で終わっていただろう。それが、微生物が広範囲に広がったおかげで、酸素も拡散し、ローカル（局所的）な出来事がグローバルな結果をもたらすという事態になった。酸素は環境化学を一変させた。酸素は大気中の窒素を酸化させ、そこでできた酸化窒素が作用して大量の岩石を風化させ、地表面の硝酸塩を大量に増やした。その結果、以前にはわずかしか存在しなかった栄養分が生き物に十分に提供されるようになり、生物は大いに繁茂することになった。もちろん平行して起きた光合成の発明によって太陽エネルギーが生命の発達に重要な役割を果たすようになったこともある。また生物は酸素を自身の代謝にとっての強力な加速器に換えることに成功し、人間を含む大型の高等動物が生み出された。こうして見てくると、そこにあるのは行き当たりばったりのプロセスだけなのだが、それがある一つの生き物の生存条件を作り出し、その生存条件を下流にいた他の生き物がしっかりとつかみ取る姿が浮かび上がる（本書九八～九九頁）。そうした連鎖が積み重なって、長い長い系統が形作られていく。すなわち、生き物とは時間的なそして空間的なつながりを果てしなく形成する存在であり、生き物と地球環境の間にもつながりが形成される。そうした長期にわたる相互生成の歴史の暫定的結果として今の地球環境があり、生き物という存在があるのだ。そうだとすれば、個々の生き物を「境界を持つ自立した個体」と見なすことは出来ないし、そうした生き物と「生き物が適応する不活性な全体」としての環境とを区別することも不可能である。畢竟、「全体と個」の対比に基づく説明はいかなるものも、地上の生き物についての議論には不適切だということになる。そして「全体と個」の対比を基本とする近代体制の説明は、人間システムの説明としても不十分だということになる。特にラトゥールの次の断罪には圧倒される――「経済学は生き物が相互に維持している関係性を記述するにはまったく適していないから、経済学のすべてを断念すべきだ」（本書九五頁）。

こうした話は自分自身の状況を振り返って見れば誰もが納得できるものだ。たしかにそこに「境界を持つ自立した個体」を見出すのは難しい。私の肺はバクテリアが酸素の多い大気を作ったからこそ現れたのだし（近代を死守しようとする人々は、逆に私たちの呼吸を遮ろうとする。本書一六〇頁）、私の腸は重さ一キロ以上、その数一千兆個にも及ぶ腸内細菌を抱え込み、それらは私の脳神経系の発達にも関わっているというのだから。ラトゥール自身が、なぜ医者や治療師たちは私を、いくつかの身体器官、あるいは一つの全体身体として捉えようとするのかと嘆くのはそのためである（本書第10章）。私たちは「不活性な物体」に出会ったことがないのだから、「不活性な自分の身体」に出会ったこともないはずだ（本書一三六頁）。ラトゥールは、自分はただ、私の周りに〔そして私の内部に〕集まり、私の存在を少しでも長く維持するよう働きかけているホロビオンツ（リン・マーギュリス、本書七〇頁）としての自身の身体に出会いたいだけなのだとつぶやく（本書一三九頁）。

ラトゥールの与える教訓《レッスン》

私たちを取り巻く世界には「発生に関わる関心事」（本書三六〜三七頁）を共有するものたちがいる。彼らとの関係を一つひとつ確かめていく作業こそ、今の私たちに求められているものだ。私たちは「発生に関わる関心事」を共有するあらゆるものたちとともに、相互生成の歴史を紡き続けていかなければならない。そこでの新たなキーワードは「生産」ではなく「発生」である（本書五五、一六八頁、および注52参照）。「開発」ではなく「包囲」だ（本書一七七頁）。生産とは、「子を生す《な》」こと、あるいは人間が自然に働きかけて何らかの産物を作り、人間生活の基盤とすることだろう。一方、発生とは地球大の相互生成のことを指す。ダナ・ハラウェイがいうように、私たちは「子を生す《な》」ことではなく「同族kin」を作り出すことを目指さなければならない（本書五五頁）。そのためにロックダウンの中にいる私たちは、「シロアリ」に変身する必要がある。「本来の生き物の姿」を取り戻し、自分たちの政治・経済・社会システム、宗教を徹底的に作り変えていくのだ。

「私たちは一体どこにいるのか」という本書の表題の問いに戻るならば、その答えは「『永遠に変わらない普遍的真実』の世界にいるわけではない」となるだろう。変身した私たちはここ、この地上に還る。降り立つ場所は向こう側にある砂上の楼閣ではなく、ここ、この地球だ。「この同じ世界にこれまでと異なる居住方法で生きて行けるかどうか」を私たちは徹底的に問われている。そうでなければクリティカルゾーンの危機的状況にうまく対処することはできない——ラトゥールはそう忠告しているのだ。

それにしても、何とも皮肉なことだ。新型コロナウイルスの出現と拡散は、人間活動へのウイルスの反応だからである。森林開発で生息地を締め出された動物が人里に追いやられ、動物を宿主にしていたウイルスが宿主を変えざるをえなくなったから、そうした事態が起きた可能性が高い（石弘之、二〇二一ほか参照）。そのウイルスが今グローバルに活躍している。人間の口から口へ、手から手へと伝播し、短期間でまさに地球を何周も飛びまわるほどになっている（本書一五八頁）。そしてその間に変異を繰り返し、勢力図を描き換え続ける。もっともこれも、人間がグローバルなネットワークを維持しているからにほかならない。人間活動がウイルスに発展の道を開いたのである。ウイルスは人間活動に対して反応を返した。私たちのほうも、生来の反応性と柔軟性を図らずも見せつけた。長年、鉄の檻といわれてきた市場経済をいとも簡単に、何の準備も調整もなく、全世界一斉に休止させるという荒業を見せつけた。私たちを含め、生き物とはたしかに絶えず「周囲にあふれ出し、互いによだれを掛け合い、重なり合い、混合し合う」（本書九七頁）ものなのである。私たちの中にその片鱗がある。それを考えれば、私たちにとって「変身」はそう難しいものではないはずだ。後はラトゥールが与えてくれた「教訓《レッスン》」を胸に、無関心を脱却して改革に取り組んでいくほかないだろう。

文献

Assmann, Jan, *Moses the Egyptian: The Memory of Egypt in Western Monotheism*, Cambridge, MA, Harvard University Press, 1998.

Assmann, Jan, *The Price of Monotheism*, trans. Robert Savage, Stanford, CA, Stanford University Press, 2010

石弘之「感染症の文明史―第一部：コロナの正体に迫る／2章：新型コロナはどう広がったのか／（4）環境破壊がパンデミックの引き金を引いた!?」二〇二一・二・一八、https://www.nippon.com/ja/japan-topics/b09510/

トゥールミン、スティーヴン『近代とは何か―その隠されたアジェンダ』藤村龍雄・新井浩子訳、法政大学出版局、二〇〇一。

ホッブズ、トーマス『リヴァイアサン』1・2、角田安正訳、光文社（古典新訳文庫）、二〇一四／二〇一八。

ラトゥール、ブルーノ『ガイアに向き合う―新気候体制を生きるための八つのレクチャー』川村久美子訳、新評論、二〇二三。

著者紹介

ブルーノ（ブリュノ）・ラトゥール（Bruno Latour）

1947－2022、フランスの科学人類学者・哲学者。2013年にホルベア賞、2021年に京都賞を受賞。サイエンススタディーズの研究者、アクターネットワーク理論（ANT。人間と非人間を同位の「行為するもの」として扱う新たな社会理論）の創始者の一人、ユニークな近代論者（主体と客体、自然と文化という二元論を土台として成り立つ近代文明を批判的に検討）として著名。彼が近年手がけた、「気候の危機に対する近代人特有の理解は人類の危機対応をいかに誤らせるか」についての研究は世界的な反響を呼んでいる。

著書：『科学がつくられているとき』（川﨑勝ほか訳、1999）、『科学論の実在』（川﨑勝ほか訳、2007、以上、産業図書）、『虚構の「近代」』（川村久美子訳・解題、新評論、2008）、『近代の〈物神事実〉崇拝について』（荒金直人訳、以文社、2017）、『法が作られているとき』（堀口真司訳、水声社、2017）、『社会的なものを組み直す』（伊藤嘉高訳、法政大学出版局、2019）、『地球に降り立つ』（川村久美子訳・解題、新評論、2019）、『諸世界の戦争』（工藤晋訳、近藤和敬解題、以文社、2020）、『ラボラトリー・ライフ』（共著、金信行ほか訳、ナカニシヤ出版、2021）、『ガイアに向き合う』（川村久美子訳、新評論、2023）、Politiques de la Nature（自然の政治）, La Découverte, Paris, 1999など多数。

訳者紹介

川村久美子（かわむら・くみこ）

コーネル大学にて社会学修士号、東京都立大学にて心理学博士号取得。東京都市大学メディア情報学部教授を経て、現在同大学名誉教授。専門は環境社会学、科学社会学。

著書：『サスティナブル経済のビジョンと戦略』（共著、日科技連出版社、2005）、『地球温暖化とグリーン経済』（共著、2012）、『「エコ文明」への転換を目指して』（共著、2013、以上、生産者出版）など。訳書：W・ザックスほか『フェアな未来へ』（2013）、B・ラトゥール『虚構の「近代」』（2008）、『地球に降り立つ』（2019）、『ガイアに向き合う』（2023、以上、新評論）など。

私たちはどこにいるのか
——惑星地球のロックダウンを知るためのレッスン　（検印廃止）

2024年7月31日　初版第1刷発行

訳　者　川 村 久 美 子
発行者　武 市 一 幸

発行所　株式会社 新 評 論

〒169-0051 東京都新宿区西早稲田3-16-28
http://www.shinhyoron.co.jp
T E L 03（3202）7391
F A X 03（3202）5832
振　替 00160-1-113487

定価はカバーに表示してあります
落丁・乱丁本はお取り替えします

装　幀　山 田 英 春
印　刷　フォレスト
製　本　松 岳 社

ISBN978-4-7948-1269-8
Printed in Japan